干旱半干旱区
小流域水沙演变规律
及模型研究

黄维东 等 编著

U0239068

中国水利水电出版社
www.waterpub.com.cn
·北京·

内 容 提 要

　　本书选定甘肃省境内 13 个典型小流域作为研究区，在收集整理流域水文气象资料的基础上，综合利用水文学、统计学、地理学等学科的理论和研究方法，开展典型小流域年、月、场次等不同时间尺度的水沙演变规律及其关系模型研究，分析了干旱半干旱区小流域水沙时空分布规律及其成因，进一步建立了水沙关系模型；选取较大的、不同历时暴雨洪水资料，建立了各小流域暴雨洪水概化模型，模拟洪水历时和洪峰流量，预警预报中小河流洪水。

　　本书可为关注区域水旱灾害防御、生态环境修复、水土保持治理、水利工程建设、水资源开发利用等方面的科研和技术人员提供一定的参考依据。

图书在版编目（CIP）数据

干旱半干旱区小流域水沙演变规律及模型研究 / 黄维东等编著. -- 北京：中国水利水电出版社，2024. 8.
ISBN 978-7-5226-2736-6

Ⅰ. TV131.3

中国国家版本馆CIP数据核字第2024MA6137号

书　　　名	**干旱半干旱区小流域水沙演变规律及模型研究** GANHAN BANGANHANQU XIAOLIUYU SHUISHA YANBIAN GUILÜ JI MOXING YANJIU	
作　　　者	黄维东　等 编著	
出 版 发 行	中国水利水电出版社 （北京市海淀区玉渊潭南路 1 号 D 座　100038） 网址：www. waterpub. com. cn E-mail：sales@mwr. gov. cn 电话：（010）68545888（营销中心）	
经　　　售	北京科水图书销售有限公司 电话：（010）68545874、63202643 全国各地新华书店和相关出版物销售网点	
排　　　版	中国水利水电出版社微机排版中心	
印　　　刷	天津嘉恒印务有限公司	
规　　　格	170mm×240mm　16 开本　9 印张　176 千字	
版　　　次	2024 年 8 月第 1 版　2024 年 8 月第 1 次印刷	
定　　　价	**49. 00 元**	

甘肃省位于我国西北地区，境内河流分属黄河、长江、内陆河三大流域、12个水系。其中内陆河流域有疏勒河、苏干湖、黑河、石羊河4个水系，黄河流域有黄河干流（包括大夏河、庄浪河、祖厉河及其他流入黄河干流的小支流）、洮河、湟水、渭河、泾河及北洛河6个水系，长江流域有嘉陵江和汉江2个水系。全省总面积42.58×$10^4 km^2$，境内中小河流众多，河流特性复杂，年径流量大于1×$10^8 m^3$ 的河流共有69条，流域面积50km^2 及以上的河流总数达1590条。受水资源时空分布不均以及气候变化和人类活动的影响，流域水资源紧缺、局地水旱灾害频发、区域水土流失严重、生态环境脆弱等问题十分突出，严重制约着区域经济社会的发展。

当前，随着气候变化和人类活动的加剧，流域性、区域性水文过程发生改变，气温升高、降水量减少导致流域来水来沙减少，水利水电开发、流域综合治理等人类活动致使区域水资源持续减少，用水矛盾加剧。受极端天气影响，局地干旱、暴雨洪水及泥石流灾害频发，对用水安全、防洪安全、生态安全造成严重威胁。甘肃省十年九旱，同时又是暴雨、洪水、泥石流易发多发地区。2010年发生舟曲"8·8"特大山洪泥石流灾害，在白龙江舟曲段左岸的三眼峪和罗家峪两条支沟1h暴雨量达到77.3mm，形成大规模山洪泥石流，造成重大的生命财产损失，遇难人数1287人，失踪人数457人，冲毁房屋5500余间，损毁耕地1400余亩（1亩≈666.67m^2）。2003年7月22日甘肃省漳县、岷县境内发生暴雨洪水，2h暴雨量（伴有大量冰雹）达132mm，部分河段发生千年一遇的特大洪水，共计19个乡镇107个村9383户102267人受灾，因灾死亡11人，直接经济损失达5634万元。

舟曲"8·8"特大山洪泥石流灾害发生后，全国进行了大规模的中小河流治理，实施河道堤防等工程措施，建设山洪预警系统等非工程措施，通过这些措施有效预防中小河流山洪泥石流灾害。同时，随着黄河流域生态保护和高质量发展、长江大保护等国家战略的推进，对流域的水资源可持续利用、河湖健康评估、生态环境保护越来越受重视。而充分认识和研究小流域的降水、径流、洪水、泥沙等水文要素的变化规律，对预防中小河流山洪泥石流、提高水资源利用效率、加强流域生态环境保护等具有重要的意义。

近些年，甘肃省在一些小流域开展了卓有成效的水土保持治理，下垫面条件发生了较大改变，加之气候变化影响，这些小流域水沙时空分布规律发生了深刻变化。20 世纪 70 年代末至 80 年代初，甘肃水文部门在一些典型小流域设立了具有代表性的小河站，主要目的是观测降水、径流、泥沙等，收集、积累小流域暴雨洪水资料，进行小流域水沙演变规律分析研究。通过 30 多年的观测，这些站点已经实测、积累了较长的资料系列，但全面系统地研究分析小流域水沙变化的工作一直未开展，国内外有关小流域水沙演变规律及其关系模型的研究也相对较少。基于当前国家对生态环境的高度关注和水利水文工作者的责任感，本书充分利用水文部门设立的小河站实测水文资料，开展干旱半干旱区典型小流域水沙演变规律及其关系模型研究，分析小流域水沙时空分布及其演变规律和成因，进一步建立水沙关系模型，预警预报中小河流洪水，分析气候变化和人类活动对流域产水产沙的影响程度，以期为区域生态环境修复治理、水土保持治理、水利工程建设、水资源开发利用、防汛减灾等提供技术依据。

本书基础资料翔实，甘肃水文行业主管部门从 2002 年开始编纂发布《甘肃省河流泥沙公报》；编者于 2015 年开展了甘肃省河流泥沙分布及其演变规律研究，该项目获得了甘肃省水利科技进步一等奖；同时在近年来的研究中，编者陆续在《冰川冻土》《水文》《干旱区地理》《人民黄河》等国家级、省部级期刊上发表了《甘肃省境内典型小流域暴雨特性及洪水过程模拟研究》《疏勒河流域泥沙分布规律及水沙关系研究》《黑河流域东部子水系近 60 年来泥沙演变规律分析》《渭河源区典型小流域水沙演变规律分析》《马莲河流域泥沙演变规律及其成因分析》《白龙江北峪河小流域水沙演变规律分析》《牛谷河流域降水径流关系模型研究》等数篇论文，研究具有一定的前瞻性，为相关部门和领导提供了决策依据。

本书共分7章，第1~3章由黄维东、王若臣撰写，第4章由王毓森撰写，第5章由黄维东撰写，第6~7章由黄维东、王毓森、崔亮撰写，全书由黄维东统稿，王毓森、崔亮、王若臣等负责全书图表的整理工作。

本书的编写和出版得到了甘肃省水利科学试验研究及技术推广计划项目（22GSLK051）、国家自然科学基金项目（U22A20564）的支持和资助，并参阅了国内外专家和学者的研究成果，在此一并致以衷心的感谢！

由于小流域气候变化和人类活动的形式、特点复杂多样，对河流水文过程和水生态环境的影响这一科学问题涉及面广、不确定因素多、综合性强，还有不少科学和实践问题还在探索过程中，比如对小流域产水产沙机制、泥沙粒径、暴洪泥沙关系模型及参数、水沙变化趋势预测等一些关键技术环节的研究还不够深入。加上作者的研究水平有限，书中难免存在不足和疏漏之处，敬请广大读者不吝指教。

编　者

2024 年 5 月

目录

第 1 章

绪　论

1.1　研　究　背　景

随着全球气候变化和人类活动的加剧，流域水文要素发生了显著变化，气温升高、降水量减少导致流域来水来沙减少，水利水电开发、流域综合治理等人类活动致使区域水资源持续减少，用水矛盾突出。受极端天气影响，局地干旱、暴雨洪水及泥石流灾害频发，对用水安全、防洪安全、生态安全造成严重威胁。甘肃省位于我国西北地区，地跨黄河、长江、内陆河三大流域，受水资源时空分布不均以及气候变化和人类活动的影响，区域水资源匮乏、河流泥沙含量高、水土流失严重、区域生态环境脆弱等问题日益突出，严重制约着区域经济社会发展。地处长江流域的陇南地区、黄河上游产流区的甘南地区，山大沟深，雨量充沛，地表土质结构松散破碎，人们大多依山傍河而居，极易遭受暴雨洪水灾害影响；中东部黄土高原地区地表支离破碎，塬、梁、峁、沟纵横分布，水力侵蚀强烈，局地暴雨泥石流时有发生。2010 年甘肃舟曲"8·8"特大山洪泥石流灾害发生后，全国范围内开展了中小河流治理，其中水文监测系统站点建设和洪水预警预报系统开发为山洪灾害防治提供了重要的决策依据，而充分利用小流域实测水文资料，建立和完善暴雨-洪水预报模型，作出较为准确、可靠的洪水预警预报尤为紧迫和重要。

20 世纪 70 年代末至 80 年代初，甘肃水文部门在一些典型小流域设立了具有代表性的小河站，主要目的是观测降水、径流、泥沙等，收集、积累小流域暴雨洪水资料，进行小流域水沙演变规律分析研究。通过 30 多年的观测，这些站点已经实测、积累了较长的资料系列，但全面系统地分析水沙变化的工作一直未能开展，研究小流域水沙演变规律及其关系模型的研究较少。因此，本书在相关研究基础上，分析了代表性小流域的水文要素时空变化规律，建立了年和次洪水的水沙关系模型，并以前期影响雨量、年最大洪峰流量为参数，进一步完善了关系模型，提高了预报精度。本书研究气候变化和人类活动影响下的小流域水文要素变化规律，分析局地短历时暴雨洪水特性，建立暴雨历时及洪水过程概化模型，以期为区域抗旱防洪减灾、水资源管理、小流域治理及生态环境保护提供重要决策依据。

1.2　研究目的及意义

随着气候变化和人类活动的频繁影响，河流的水文特征发生了显著变化，中小河流局地暴雨、洪水、泥石流频发，对人们的生命财产安全造成严重威胁，水土流失综合治理、生态环境建设、局地暴雨洪水预警预报、防汛减灾的形势日趋迫切。本书充分利用 20 世纪 80 年代初甘肃水文部门设立的小河站的实测水文资料，分析小流域水沙时空分布及其演变规律和成因，进一步建立水沙关系模型，预警预报中小河流洪水，分析研究气候变化和人类活动对流域产水产沙的影响程度，以期为区域生态环境修复治理、水土保持治理、水利工程建设、水资源开发利用、防汛减灾等提供技术依据。

甘肃省境内中小河流众多，河流特性复杂。近些年，在一些小流域开展了卓有成效的水土保持治理，下垫面条件发生了较大变化，加之气候变化影响，这些小流域水沙时空分布规律发生了深刻变化。在气候、下垫面、水文条件变化及人类活动的多重因素影响下，选取典型小流域开展水沙规律研究，对于区域生态环境治理具有重要的意义，也可为甘肃省开展中小流域治理、水利水电建设、防洪等工作提供重要的技术依据。

1.3　国内外研究现状

河流水沙研究一直是国内外学者研究的热点问题，目前学术界对河流水沙变化的研究大致可分为水沙变化特性研究、水沙变化驱动力及其影响研究和水沙关系预报模型研究等。从水沙关系方面来看，水沙关系研究以径流输沙机制探索为主，地表径流是输送泥沙的主要动力，河川径流量与输沙量变化在一定程度上具有一致性。在人类活动对水沙变化的响应方面，国内外大量研究表明，生态植被和水保工程能增加地表覆盖、拦蓄地表径流、减少土壤侵蚀，从而防治水土流失、调控河道水沙。水土保持在减少土壤侵蚀和河流泥沙的同时减少了径流量；不同区域和不同水土保持措施减少径流量和泥沙量的程度存在明显差异；水土保持措施可以明显减少水土流失量和坡面产流量，而且水土保持措施对径流泥沙的影响程度受降水特征、水土保持措施等多种因素影响。

1. 国内研究现状

我国对流域水沙变化特性的研究较多。刘晓琼等（2015）研究了基于小波多尺度变换的渭河水沙演变规律。赵静等（2015）运用滑动平均法、Mann-Kendall（M-K）法等分析了渭河流域的水沙演变特征以及水沙关系。在具体针对渭河水沙变化驱动力的研究中，许炯心（2002）研究了人类活动对渭河含沙量增减的影响，孙悦等（2014）分析了1975—2011年渭河上游径流演变规律及对气候驱动因子的响应，晏清洪等（2013）分析了降水和水土保持对黄土区流域水沙关系的影响。

在水沙关系预报模型研究方面，熊维新等（1992）、马春林（1992）采用水文法和水保法计算了渭河流域减水减沙效益，分析了渭河水沙来源以及降雨-产流-产沙关系；郑明国等（2007）研究了黄土丘陵沟壑区次暴雨时间尺度的水沙关系特性，拟合出较大洪水次暴雨径流深和产沙模数之间的关系模型。

在干旱半旱区河流径流和泥沙研究方面，王静（2000）基于祖厉河流域近40年的实测资料点绘出年径流量-年输沙量双累积曲线，分析了该流域的泥沙变化规律，得出祖厉河年输沙量的大小是由流域的有效降水及生态环境所决定。王世钧（2013）通过对渭河上游主要控制水文站径流泥沙资料的统计分析，论述了渭河上游具有水沙异源的特点。张春林等（2009，2014）通过对洮河主要控制站流量泥沙资料的统计分析，得出洮河的泥沙主要产生于下游漫坝河等十几条支流，输沙量的变化过程和径流量变化过程基本吻合，输沙量的年际变化比径流量的年际变化大，泥沙的成因主要受气候、地质地貌和人类活动的影响等。凡炳文等（2010）以洮河红旗站水文监测资料为依据，通过水沙匹配情况、水沙分布特征、年内年际变化规律分析，得出洮河泥沙具有含量高、输沙总量大、产沙的区域性、年际的波动性、年内的不均匀性和时间的集中性等六大特点。赵映东（1998，2000）对甘肃省主要河流的年输沙量、年侵蚀模数进行了统计分析，阐明河流泥沙的地区分布和时程分布。

2. 国外研究现状

在水沙关系方面，迄今为止，国外学者开展了许多关于不同时空尺度水沙关系的研究。Borrelli et al.（2015）指出径流量和输沙量之间的相关关系是流域自然条件和人类活动的综合反映，可以为流域产流产沙关系及输沙规律提供重要信息。Rustomji et al.（2008）借助水沙关系曲线法，分析了黄土高原地区河流输沙对水土保持措施的响应。Soler et al.通过分析洪水事件尺度含沙量（SSC）和流量（Q）的滞回关系，深入了解流域洪水过程的径流输沙动态，确定泥沙来源的空间分布。Buendia et al.（2016）根据洪水过程涨水段和落水段的流量和含沙量变化特征，分析了流量和含沙量滞回曲线，滞回曲线一般可以划分为四种常见的类型，分别为顺时针滞回、逆时针滞回、8字形滞回和复杂型滞回。Tetzlaff et al.（2013）利用由 USLE 方程改进的 ABAG 方程对德国黑森州 450 个小流域泥沙输移比进行研究，结果表明，小流域泥沙输移比为 0.005～0.78。Woldemarim et al.（2023）以埃塞俄比亚的 Andittid 流域为研究区，采用描述性统计、Mann - Kendall 和 Pettitt 检验，分析了河流流量、产沙量和作物生产力的潜在趋势，结果表明，河流年际流量具有较大变异性，而产沙量和作物产量的 Pettitt 试验结果没有变化。Wang et al.（2022）以中国黄土高原裴家茅流域的全坡面径流区、支沟、冲沟和分水岭四个不同地貌单元为研究对象，共调查了 1986—2008 年的 31 次洪水事件，并记录了四个地貌单元的两次洪水事件的所有数据，对多时空尺度的水沙关系变化进行了分析，结果表明，在年尺度上，四个地貌单元的平均输沙模数和径流深度呈现线性关系，决定系数分别为 0.81、0.72、0.74 和 0.77；在相同流量条件下，下降期的悬浮泥沙浓度明显高于上升期。O'Briain et al.（2022）以爱尔兰东部的 Boyne 河集水区的 5 个样本河段为研究对象，分析了水流、泥沙和植被在低地河流中的相互作用，研究结果表明：生物地貌的演替过程、泥沙侵蚀和迁移等改善了自然生境的多样性。Restrepo et al.（2000）将马格达雷纳的水排放与南方涛动指数（SOI）进行回归分析显示，结果表明水沙量与南方涛动指数密切相关，在拉尼娜时期水沙量变大，在厄尔尼诺时期水沙量较小。

　　从水文模型方面来看，从 1966 年至今，全世界已研制和建立了 70 余种不同类型的流域水文模型。Lane et al.（1997）用美国和澳大利亚的泥沙产量与流域面积之间的一般关系展示了泥沙产量随着流域面积的统计变化，研究总结了使用不同尺度的实验数据进行模拟模型研究的情况，证明流域面积是一个通常与泥沙产量相关但并不总是相关的重要预测变量，为泥沙产量模型的概念发展和数学公式化给予了指导，有助于设计和实施空间分布的验证和研究。Stone et al.（2001）使用土壤和水资源评估工具（SWAT）里的降雨-径流模型探究气候变化下密苏里河流域水资源变化情况，研究结果表明，在流域出口处，春季和夏季的总水量减少了 10%～20%，但在秋季和冬季增加了，总体而言，流域南部的水量减少，但北部地区的水量增加高达 80%。He et al.（2022）基于现场观测和数值建模，研究了三峡库区对下游砾石-砂石转变（GST）的影响，分析了 GST 的迁移过程及其迁移的主要原因，结果表明：三峡工程开始运行后，在 2003—2010 年，由于悬浮负荷（粒径小于 0.5mm）供应减少，GST 向下游迁移 49.5km，2010—2015 年在辫状河流形态控制下保持稳定；当长期低沙供应持续时，瞬时下游迁移后的额外 GST 迁移主要取决于河流形态。Chao et al.（2020）使用二维数值模型（CCHE2D）模拟了密西西比河下游的 Pontchartrain 湖在 Bonnet carre 溢洪道泄洪期间的水流循环、泥沙运移和盐度分布，并将模拟结果与实测数据和卫星影像进行了比较，结果吻合较好；基于模拟结果讨论了三次洪水释放事件导致的湖泊形态、泥沙浓度和盐度变化。Sorourian et al.（2022）采用高分辨率非结构网格三维水动力-波浪-泥沙耦合数值模型模拟了现代密西西比河三角洲附近的水沙分布特征，结果表明，西南通道是最主要的通道，分别有 64％ 和 32％ 的河水和泥沙通过该通道输送到海洋。

1.4 研 究 内 容

选定具有长系列实测水文数据的典型小流域，在资料可靠性、一致性、代表性分析的基础上，分析水沙的年际年内变化规律，分析和模拟暴雨洪水特性及过程，建立年和次的降水-径流关系模型、径流-泥沙关系模型，主要包括以下几方面内容：

（1）选定典型小流域及代表水文、雨量站点，分析资料的可靠性、一致性、代表性。

（2）分析水沙的年际年内变化规律，检验水文要素的趋势和突变规律。

（3）分析典型小流域暴雨时空分布特性，建立最大暴雨量与暴雨历时关系模型。

（4）分析典型小流域洪水特性，建立小流域暴雨洪水过程概化模型，建立甘肃省典型小流域洪水最大洪峰流量与流域面积、河长、河道比降等流域特征的综合关系模型。

（5）建立年和次的不同时间尺度的降水-径流关系模型、径流-泥沙关系模型。

1.5 技 术 路 线

1. 研究方法

在收集整理小流域水文气象资料的基础上，综合利用水文学、统计学、地理学等学科的理论和研究方法，对甘肃省典型小流域水沙变化规律进行深入分析研究。

（1）采用差积曲线法分析水文要素的年际变化和丰、平、枯代表性。

（2）采用皮尔逊Ⅲ（Pearson-Ⅲ）型曲线法进行小流域洪水频率分析，计算出不同重现期的洪峰流量。

（3）采用年内分配百分比、年内变化幅度、年内分配过程线、不均匀系数、基尼系数及集中期（度）等分析水文要素的年内分配。

（4）采用水文统计法分析水文要素的历年变化规律，并用累计距平法、均值跳跃性检验等方法检验水文要素的趋势和突变规律。

（5）采用线性回归模型法分析建立小流域最大暴雨量-暴雨历时关系模型，最大洪峰流量-流域特征关系模型，径流量-降水量、输沙量-径流量关系模型。

（6）采用非线性回归模型法分析建立小流域径流量-前期影响雨量-降水量关系模型，输沙量-最大洪峰流量-径流量关系模型。

2. 技术路线

（1）确定研究区域，明确研究河流及水文雨量站点。

（2）收集降水、径流、泥沙、经济、社会等基础资料。

（3）分析水文资料的可靠性、一致性、代表性。

（4）分析雨水沙的年际年内变化规律。

（5）分析模拟暴雨洪水特性。

（6）分析建立降水-径流关系模型。

（7）分析建立水沙关系模型。

研究技术路线详见图1.1。

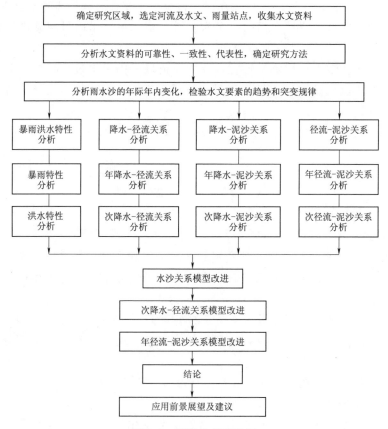

图1.1 研究技术路线图

第 2 章

研 究 区 概 况

2.1 自 然 地 理

甘肃省分属黄河、长江、内陆河三大流域，境内地形地貌、气候特征、河流水系、水文特性在干旱半干旱区具有代表性，为此本书选取甘肃省境内的典型小流域作为研究区。

甘肃省地处我国西北内陆中腹地带，位于东经 $92°13'\sim108°46'$、北纬 $32°11'\sim42°57'$。平面形态总体为哑铃形，呈北西—南东走向分布，西南面与四川省、青海省接壤；西北部与新疆维吾尔自治区毗连；北部马鬃山区有一小段与蒙古国接壤；东北面大部分与内蒙古自治区相接，小部分与宁夏回族自治区相接；东面与陕西省相连。甘肃省总土地面积 $42.58\times10^4 km^2$，占全国总面积的 4.7%。

甘肃省位于我国黄土高原、内蒙古高原与青藏高原的交汇处，在构造上属于鄂尔多斯地台、阿拉善—北山地台、祁连褶皱系和西秦岭褶皱系。境内地形复杂，既有终年被冰雪覆盖的高山景观，又有长年葱绿的陇南森林；既有地势高亢、气候寒冷的甘南高原，又有一望无际、夏季炎热的河西走廊沙漠平原。东南部重峦叠嶂，山大谷深，流水侵蚀作用强烈，为全国著名的泥石流高发区；中、东部大多为黄土覆盖，形成独特的黄土塬、梁、峁密布的地形，水土流失严重；河西走廊一带地势坦荡，绿洲与沙漠、戈壁断续分布；西南部横亘着高大的祁连山系，为青藏高原的东北边缘，地势高耸，气候寒冷，从山顶到山脚依次分布着现代冰川、多年积雪、森林、草原，为走廊和北部沙漠戈壁水资源形成区；北部地面起伏不大，气候干燥，风力剥蚀作用显著，戈壁广布，为内蒙古高原的西端。除陇南部分谷地、疏勒河下游谷地较低外，甘肃省大部分海拔都在 1000m 以上。

2.2 水 文 气 象

1. 降水

从地理分布上来看，陇南、甘南、祁连山区及其他石山森林区为半湿润区，正常年降水量在 600mm 以上；黄河流域兰州以东大部分为半干旱区，年降水量一般在 400mm 左右；兰州以西及河西走廊年降水量在 300mm 以下，为干旱区和极端干旱区。

2. 蒸发

研究区水面蒸发能力大，而且降水越少的地方蒸发越强，其水面蒸发能力普遍比同纬度东部地区大，这也是造成甘肃干旱缺水的一个重要原因。位于河西走廊中部的张掖，由于祁连山和河西走廊北山的夹峙，其水面蒸发能力较同纬度东边内蒙古干旱荒漠草原地区为小，酒泉以西则表现出比同纬度西边新疆和东边内蒙古都小的特征。年水面蒸发量小于 700mm 的地方主要有岷山、迭山、太子山等少数山峰及甘南大峪林场和洮河冶力关林场；年水面蒸发量大于 2000mm 的地区为景泰—民勤中泉子—瓜州—敦煌一线以东的干旱荒漠地区；陇南、甘南高原年蒸发量小于 400mm；兰州以东陇中、陇东地区年蒸发量为 400~500mm；河西走廊地区祁连山区年蒸发量小于 300mm。

3. 径流

研究区径流空间分布与降水分布基本一致，总的特点是：高山区径流大，丘陵平原区和河谷地带径流小；石山林区径流大，黄土高原区径流小；从东到西以六盘山—西秦岭—祁连山为分界线，其南部为丰水区，北部为贫水区及干涸。丰水区主要分布在六盘山—陇山区、陇南山地、甘南高原、祁连山地等，年径流深一般在 200mm 以上，岷山、迭山在 400~500mm 之间，祁连山从东到西在 500~600mm 之间；贫水区分布在陇东、陇中广大黄土高原及兰州以北地区，年径流深从南部的 50mm 左右向北递减至 5mm 以下；干涸区主要包括河西走廊、北山山地及其他荒漠地区，除龙首山等中山区年径流深大于 5mm、马鬃山区年径流深为 1~5mm 外，其他区域地表年径流量都很小。根据《甘肃省第三次水资源调查评价报告》，甘肃省山区径流形成区面积占甘肃省总面积的 40%，径流量占甘肃省径流总量的 95%；而贫水区和干涸区面积为 $26.5 \times 10^4 km^2$，约占甘肃省总面积的 60%，径流量仅占甘肃省径流总量的 5%。

4. 暴雨洪水

受我国东南和西南暖湿气流、西风带环流系统及地形抬升的影响，研究区的暴雨洪水灾害以短历时局地暴雨洪水为主。甘肃省大暴雨、特大暴雨以嘉陵江和泾河流域出现最多，陇南南部为我国著名的暴雨区——秦巴暴雨区和川西暴雨区的边缘地带，大暴雨出现较为频繁，而且量级大、面积广、灾害重。六盘山、马衔山、太子山、华家岭、祁连山等都是暴雨中心。受大陆季风气候的影响，研究区各河流洪水发生时间与暴雨发生时间一致，90%以上的洪水发生在6—9月，大部分河流年最大洪水多发生在7—8月。内陆河流域各河流春汛出现较早而且频繁，几乎一日一峰，对内陆河流域工农业生产影响很大。黄河干流、嘉陵江、洮河、黑河等较大的河流洪水量级大、持续时间长，其他河流洪水一般暴涨暴落，对水利工程和防洪安全威胁较大。

5. 泥沙

受干旱气候、地形地貌、土壤植被影响，研究区植被覆盖率低，水土流失严重，山洪泥石流易发频发，大多数河流含沙量较高。内陆河流域沙化、风沙和沙尘暴活动频繁。根据《甘肃省河流泥沙公报 2022》，甘肃省三大流域 10 条主要河流控制水文站合计输沙量 $5940×10^4 t$，较多年平均值 $26400×10^4 t$ 偏小78%，较近 10 年平均值 $6730×10^4 t$ 偏小 12%。

6. 水文分区

根据《甘肃省地表水资源评价》（1984 年），甘肃省可分为 7 个水文分区：①陇南南部河谷亚热带湿润区；②陇南北部暖温带湿润区；③陇中南部半湿润区；④陇中北部半干旱区；⑤祁连山南部半干旱区；⑥甘南高寒湿润区；⑦河西走廊干旱区。

2.3 生 态 植 被

甘肃省境内自然条件复杂，植被类型繁多。由于纬度、气候、土壤和地貌等因素的差异，甘肃省境内大部分植被从南到北呈明显的纬度地带性与海拔地带性分布。其中只有祁连山、阿尔金山东段和甘南高原等海拔在 3000m 以上的地带，植被具有明显的垂直分带。各山地植被垂直带谱的特征，由其所处的地理位置和水平植被带所决定。

根据《甘肃植被》《甘肃省地图集》，甘肃省植被带基本可分为 6 个水平（纬度）植被地带：①常绿阔叶、落叶阔叶混交林地带，分布在陇南的文县、康县、徽县、成县和武都区；②落叶阔叶林地带，分布于天水以南的北秦岭和徽成盆地；③森林草原地带，主要分布在临夏、康乐、渭源、秦安、平凉、庆阳一线以南；④草原地带，主要分布在森林草原地带北部，兰州、靖远至环县一线以南地区；⑤荒漠草原地带，大致包括大景、营盘水一线以南地区，主要是从事畜牧业的地区；⑥荒漠地带，包括河西走廊以及阿尔金山以南的苏干湖盆地与哈勒腾河谷。

2.4　河　流　水　系

甘肃省分属黄河、长江、内陆河三大流域。乌鞘岭、毛毛山、老虎山以东，迭山、鹬子岭、太皇山、小陇山、麦积山以北统属黄河流域；迭山、鹬子岭、太皇山、小陇山、麦积山以南属长江流域；祁连山以北，乌鞘岭、毛毛山、老虎山以西为内陆河流域。内陆河流域有石羊河、黑河、疏勒河、苏干湖 4 个水系，通常把苏干湖水系包含在疏勒河水系之内；黄河流域除干流区、庄浪河、大夏河、祖厉河及直接流入黄河的小支流外，还有湟水、洮河、泾河、渭河、北洛河 5 个水系。根据统计，甘肃省年径流量大于 $1 \times 10^8 \mathrm{m}^3$ 的河流有 69 条，其中：内陆河流域有独立出山口、年径流量大于 $1 \times 10^8 \mathrm{m}^3$ 的河流有 15 条；黄河流域年径流量大于 $1 \times 10^8 \mathrm{m}^3$ 的河流有 27 条；长江流域年径流量大于 $1 \times 10^8 \mathrm{m}^3$ 的河流有 36 条。

2.5　典型小流域概况

位于西北干旱半干旱区的甘肃省境内小流域短历时暴雨洪水主要分布在黄河、长江流域，其危害程度高，造成的损失大，特别是在山大沟深、人口聚居的区域，短历时强降水引发的山洪泥石流会造成严重灾害。为此，本书重点选取黄河、长江流域的 11 个小流域作为主要研究区，其中渭河上游 2 个小流域，泾河上游 3 个小流域，洮河中下游 3 个小流域，嘉陵江流域 3 个小流域；内陆河流域由于降水量相对较少，出山口以上人烟稀少，暴雨洪水灾害少，且小流域水文监测站点较少、资料系列较短，本书选取峡门河、大堵麻河 2 个小流域，只做暴雨洪水特性分析。

2.5.1　渭河流域

1. 清源河

清源河系渭河源头河流，发源于甘肃省定西市渭源县南部的鸟鼠山，地形特征南部高、北部低，流域内有天然林分布，下垫面条件较好。流域面积 116.8km²，河长 27.0km，河道比降 33.3‰。流域内设有渭源水文站，建于 1979 年 8 月，属国家基本水文站、小河站，管辖雨量站 4 处、定点洪水调查河段 5 处。流域内洪水主要由暴雨形成，洪水历时较短，峰形尖瘦，全年采用临时曲线法推求流量，受河槽控制水位-流量关系较稳定，泥沙过程与洪水过程变化基本一致。清源河流域水系分布见图 2.1。

图 2.1　清源河流域水系图

2.　牛谷河

牛谷河系渭河支流散渡河的中上游，发源于甘肃省定西市通渭县西北部牛营大山南麓，流域面积 101.9km^2，河长 20.3km，河道比降 9.9‰。流域内设有何家坡水文站，建于 1977 年 1 月，属国家基本水文站、小河站，管辖雨量站 2 处、定点洪水调查河段 2 处。流域内自然植被条件差，土壤贫瘠，对水分涵蓄能力小。牛谷河汛期洪水主要由降水产生，洪水过程呈现峰高量小、历时短、暴涨暴落的特征，属典型的山溪性河流。水文站监测断面水位-流量关系点据较散乱，采用临时曲线法定线推流。牛谷河流域水系分布见图 2.2。

2.5.2　泾河流域

1.　蔡家庙沟

蔡家庙沟是泾河支流马莲河右岸的一条支沟，地势西高东低，为残塬梁峁丘陵地貌。流域面积 271.3km^2，河长 14.6km，河道比降 13.7‰，流域内设有蔡家庙水文站，建于 1980 年 6 月，属国家基本水文站、小河站、省级报汛站，管辖雨量站 9 处、定点洪水调查河段 1 处。区域内洪水主要由暴雨形成，洪水过程陡涨陡落，峰形尖瘦，历时短，含沙量大，水位-流量关系曲线为多线型。蔡家庙沟流域水系分布见图 2.3。

图 2.2　牛谷河流域水系图

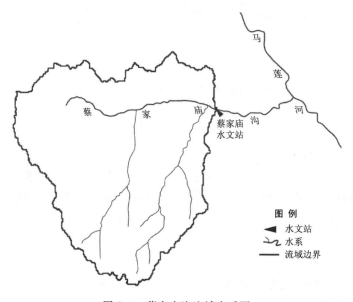

图 2.3　蔡家庙沟流域水系图

2. 大路河

大路河是泾河干流左岸的一条支流，发源于宁夏回族自治区泾源县六盘山东麓牡丹村，流域面积 218.2km²，河长 54.1km，河道比降 5.5‰。流域内设有窑峰头水文站，建于 1975 年 7 月，属小河站、区域代表水文站，管辖雨量站 1

处、水位站 1 处、定点洪水调查河段 2 处。区域内洪水多由暴雨形成，暴涨暴落，属典型的山溪性河流。低水时水位-流量关系点散乱，中水、高水时水位-流量关系基本稳定。大路河流域水系分布见图 2.4。

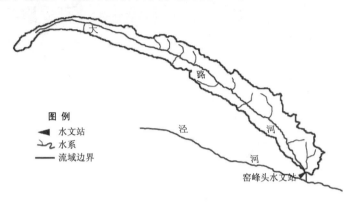

图 2.4　大路河流域水系图

3. 石堡子河

石堡子河为泾河二级河流，汭河一级支流，发源于甘肃省、宁夏回族自治区交界处陇山东侧，自西向东流至甘肃省平凉市华亭市汇入汭河。流域面积 271.0km²，河长 27.3km，河道比降 33.0‰，流域内设有华亭水文站，建于 1975 年 7 月，属小河站、中央报汛站和水质监测站，管辖雨量站 7 处、新建水文站 1 处、水位站 2 处、水质调查断面 1 处、定点洪水调查河段 2 处。区域内洪水多由暴雨形成，洪水暴涨暴落，洪峰多为尖瘦形，中水、高水时水位-流量关系稳定；低水时冲淤变化大，关系较紊乱。沙峰与洪峰基本对应。石堡子河流域水系分布见图 2.5。

2.5.3　洮河流域

1. 漫坝河

漫坝河发源于甘肃省定西市临洮县鸡冠梁北侧，地势南高北低，由南向北流，流域面积 464.2km²，河长 43.1km，河道比降 27.8‰。流域内设有王家磨水文站，建于 1977 年 7 月，属国家基本水文站、小河站，管辖雨量站 2 处、定点洪水调查河段 1 处。流域内洪水主要由暴雨形成，主要发生在 6—8 月降水集中的季节，径流量年内分配极不均匀，洪水峰形多为尖瘦形，历时短，水位-流量关系曲线在低水时受冲淤变化影响为多线条，在中水、高水时比较稳定。流域植被覆盖差，含沙量较大，流量、含沙量变化过程基本相应。漫坝河流域水系分布见图 2.6。

2. 东峪沟

东峪沟发源于甘肃省定西市渭源县西鸟鼠山中，北向流入定西市临洮县

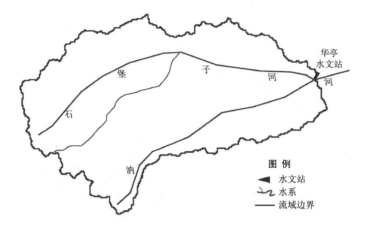

图 2.5　石堡子河流域水系图

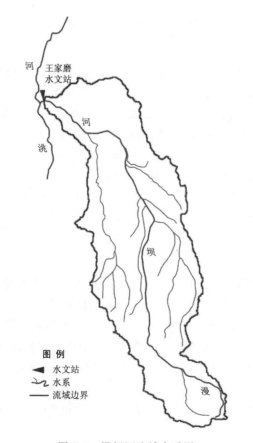

图 2.6　漫坝河流域水系图

境，注入洮河，流域面积 272.5km^2，河长 25.7km，河道比降 11.7‰。流域内设有尧甸水文站，建于 1968 年 6 月，属国家基本水文站、小河站、报汛站，管辖雨量站 2 处、定点洪水调查河段 4 处。流域内洪水主要由暴雨形成，主要发生在 6—8 月降水集中的季节，径流量年内分配极不均匀，三个月的径流量占年径流量的 56％。洪水峰形多为尖瘦形，历时短，水位-流量关系曲线在低水时由于冲淤变化为多线条，在中水、高水时比较稳定，流域植被覆盖差，含沙量较大，流量、含沙量变化过程基本相应。东峪沟流域水系分布见图 2.7。

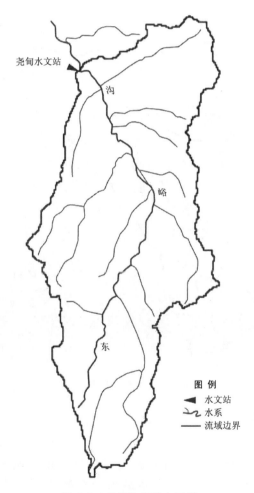

图 2.7　东峪沟流域水系图

3. 苏家集河

苏家集河发源于甘肃省临夏回族自治州和政县太子山北麓，河道左岸坡陡沟深，多为荒山荒沟，沟底较平缓；右岸坡耕地较多，沟壑纵横，水土流失严重。流域面积 342.4km²，河长 38.4km，河道比降 31.3‰。流域内设有康乐水文站，建于 1980 年 10 月，属国家基本水文站、小河站、报汛站，管辖水位站 3 处、雨量站 5 处、定点洪水调查河段 3 处。流域内洪水均由上游降水和区间暴雨形成，主要发生在 5—8 月，水位-流量关系曲线在中水、低水时受断面分流和冲淤变化影响，呈多条临时曲线；高水时水位-流量关系曲线受洪水涨落影响和断面冲淤变化影响，涨水和落水各呈临时曲线，有时出现绳套曲线。含沙量主要集中在洪水期，流量、含沙量变化过程基本相应，较大洪水的沙峰滞后于洪峰。苏家集河流域水系分布见图 2.8。

图 2.8　苏家集河流域水系图

2.5.4　嘉陵江流域

1. 罗家河

罗家河发源于甘肃省陇南市徽县境内小马鞍山，流域面积 156.0km²，河长 24.9km，河道比降 24.1‰。流域内设有徽县水文站，建于 1985 年 1 月，属小河站、省级报汛站，管辖水位站 2 处、雨量站 2 处、地下水观测井 2 眼。区域内洪水主要由暴雨形成，产生陡涨陡落的洪水过程，洪水历时一般 1～2d，具有山溪性河流的特点，平时水量很小，但长年流水。受主流摆动和断面冲淤影响，水位-流量关系为多线条。罗家河流域水系分布见图2.9。

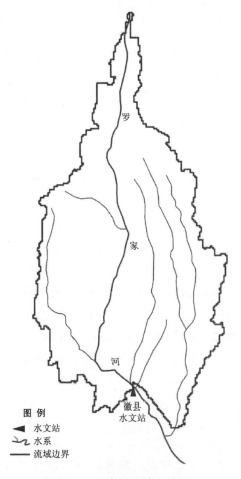

图2.9 罗家河流域水系图

2. 岸门口河

岸门口河发源于甘肃省陇南市康县西部南岭山脉的牛头山西端，与铜钱河汇合后为嘉陵江一级支流燕子河，由西东折向北南。流域内多为强烈侵蚀的高山区，河谷呈V形，切割较深。流域面积227.6km²，河长19.9km，河道比降30.2‰。流域内设有康县水文站，建于1983年1月，属小河站、省级重要站、省级报汛站，管辖水位站3处、雨量站6处。区域内洪水主要由暴雨形成，产生陡涨陡落的洪水过程。受洪水涨落和断面冲淤变化影响，水位-流量关系呈多线条。流域内植被较好，河流泥沙含量低。岸门口河流域水系分布见图2.10。

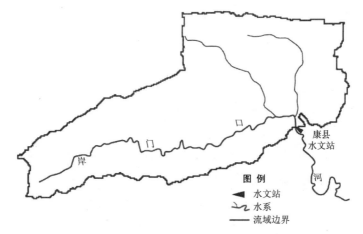

图 2.10　岸门口河流域水系图

3. 北峪河

北峪河发源于甘肃省陇南市武都区鱼龙乡白崖岭和安化乡、隆兴乡的韭山西麓，属嘉陵江流域白龙江水系一级支流，由东北向西南流经 7 个乡镇。流域内山高坡陡，支流众多，山体支离破碎，沟壑纵横，土层浅薄疏松，植被稀少，水土流失、滑坡、崩塌、泥石流严重，是甘肃省泥石流重点治理区域。流域面积 272.2km²，河长 14.5km，河道比降 41.4‰。流域内设有马街水文站，建于 1976 年 6 月，属小河站、国家重要站、省级报汛站，管辖水位站 1 处、雨量站 4 处。区域内洪水主要由暴雨形成，洪水过程呈暴涨暴落的特点。北峪河流域水系分布见图 2.11。

2.5.5　内陆河流域

1. 峡门河

峡门河发源于青海省海北藏族自治州门源回族自治县冷龙岭北坡红崾岘，与哈溪河汇集而成黄羊河，是石羊河水系支流之一，流域面积 310.0km²，河长 26.7km，河道比降 20.0‰。流域内设有哈溪水文站，建于 1958 年 3 月，属一般水文站、区域代表水文站，管辖水位站 1 处、雨量站 5 处、定点洪水调查河段 5 处。区域内洪水主要由冰雪融水和暴雨形成，洪水过程多为暴涨暴落的尖瘦峰形，历时较短。水位-流量关系较稳定，呈单一线。峡门河流域水系分布见图 2.12。

2. 大堵麻河

大堵麻河发源于甘肃省张掖市肃南裕固族自治县马蹄藏族乡祁连山脉直岔沟，是黑河上游支流之一，山区地形复杂，巨石林立，原始森林遮天蔽日，河道两边崖如刀削，向北流入张掖市民乐县，经瓦房城水库进入大堵麻灌区。流

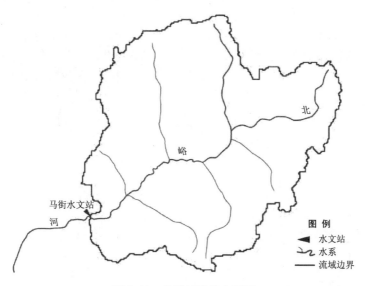

图 2.11　北峪河流域水系图

图 2.12　峡门河流域水系图

域面积 226.8km²，河长 22.1km，河道比降 23.1‰，流域内设有瓦房城水库水
文站，建于 1958 年 6 月，属区域代表水文站、省级报汛站、省级水质监测站，
管辖水质监测断面 1 处。流域内洪水主要由冰川融水和暴雨形成，水流落差较
大。水库泄洪由人工调控，水位-流量关系较稳定。大堵麻河流域水系分布见
图 2.13。

图 2.13　大堵麻河流域水系图

2.6 社 会 经 济

2023 年，甘肃省耕地面积 7792.75 万亩，耕地有效灌溉面积 2135.51 万亩，耕地实灌面积 1985.95 万亩，非耕地用水面积 313.82 万亩；人口 2465.48 万人，其中农村人口 1097.43 万人，城镇人口 1368.05 万人；工业增加值 3389.60 亿元，其中规模以上工业增加值 2691.86 亿元，规模以下工业增加值 641.01 亿元，火（核）电工业增加值 56.73 亿元；粮食总产量 1272.90 万 t；地区生产总值 11863.8 亿元。

第 3 章

资料来源及分析方法

3.1 资　料　来　源

本书在甘肃省水文部门收集的相对较为系统、完整的降水、径流和泥沙资料基础上进行研究。研究所选取的 13 个小流域出口均有控制性水文站，其上游均有配套雨量站。除王家磨水文站泥沙资料仅有 4 年、哈溪水文站和瓦房城水库水文站无泥沙资料外，其余水文站均有比较稳定的降水、径流、泥沙等水文观测资料，资料系列长度均在 29 年及以上，瓦房城水库水文站降水资料系列长度达 57 年（1959—2014 年）。1997 年甘肃省对部分小河站的配套雨量站进行了调减，其后各水文站配套雨量站仅剩 3～5 处，但在 1996 年之前，每个小河站控制流域内设有 8～10 处雨量站，满足降水分析计算的需要。

各代表性小流域水文站点基本情况见表 3.1。

3.2 资料的"三性"分析

1. 可靠性分析

本书所选用降水、径流、泥沙资料均为甘肃省水文部门按照国家标准规范设立水文站点、实施观测、进行整编、经过审查验收的成果，资料可靠，精度较高，可以满足各种规划、设计、分析、评价和科研需要。

2. 一致性分析

由于所选用水文站及其配套雨量站点位置历年固定，测验和整编方法统一，每年整编会审都要进行面上对照、历年衔接检查，资料均连续一致。一般而言，降水资料受人类活动的影响小，其变化相对稳定。受部分区域修建水库、塘坝等水利工程，以及修建梯田、淤地坝和种植林草等水保措施的影响，个别水文站径流和泥沙的变化较大，例如渭源水文站上游 2000 年建成的峡口水库蓄水致使径流、泥沙明显减少。本次采用水量还原后的天然径流、泥沙资料进行分析。

表 3.1　各代表性小流域水文站点基本情况

流域	水系	河流	测站名称	位　　置	流域面积/km²	河长/km	河道比降/‰	建站时间	降水系列	径流系列	泥沙系列
黄河	渭河	清源河	渭源水文站	定西市渭源县清源镇张家湾村	116.8	27.0	33.3	1979 年 8 月	1980—2014 年	1980—2014 年	1980—2014 年
		牛谷河	何家坡水文站	定西市通渭县马营镇锁屏村	101.9	20.3	9.9	1977 年 1 月	1978—2014 年	1978—2014 年	1978—2014 年
		蔡家庙沟	蔡家庙水文站	庆阳市庆城县蔡家庙乡蔡家庙村	271.3	14.6	13.7	1980 年 6 月	1981—2014 年	1981—2014 年	1982—2014 年
	泾河	大路河	崀峰头水文站	平凉市四十里铺崀峰头村	218.2	54.1	5.5	1975 年 7 月	1976—2014 年	1976—2014 年*	1978—2014 年*
		石堡子河	华亭水文站	平凉市华亭县东乡华亭峡口上 500m	271.0	27.3	33.0	1975 年 7 月	1977—2014 年	1976—2014 年	1978—2014 年
	洮河	漫坝河	王家磨水文站	定西市临洮县王井镇王家磨村	464.2	43.1	27.8	1977 年 7 月	1984—2014 年	1980—2014 年	2011—2014 年
		东峪沟	尧甸水文站	定西市临洮县尧甸镇老街村	272.5	25.7	11.7	1968 年 6 月	1968—2014 年	1975—2014 年	1980—2014 年
		苏家集河	康乐水文站	临夏回族自治州康乐县附城镇	342.4	38.4	31.3	1980 年 10 月	1981—2014 年	1981—2014 年	1981—2014 年
长江	嘉陵江	罗家河	徽县水文站	陇南市徽县城关镇樊劳村	156.0	24.9	24.1	1985 年 1 月	1985—2014 年	1985—2014 年	1986—2014 年
		岸门口河	康县水文站	陇南市康县城关镇	227.6	19.9	30.2	1983 年 1 月	1983—2014 年	1984—2014 年	1986—2014 年
		北峪河	马街水文站	陇南市武都区马街镇寺背村	272.2	14.5	41.4	1976 年 6 月	1977—2014 年	1977—2014 年	1982—2014 年
内陆河	石羊河	峡门河	哈溪水文站	武威市天祝县哈溪镇	310.0	26.7	20.0	1984 年 8 月	1985—2014 年	1985—2014 年	—
	黑河	大堵麻河	瓦房城水库水文站	张掖市甘南裕固族自冶县马蹄藏族乡大都麻村	226.8	22.1	23.1	1958 年 6 月	1959—2014 年	1958—2014 年	—

注 1. * 表示崀峰头水文站 1999—2008 年无径流、泥沙资料，计算采用插补数据。

2. — 表示哈溪、瓦房城水库水文站无泥沙监测任务。

3. 代表性分析

选取各小流域代表水文站实测年降水量、年平均流量资料，绘制历年差积曲线（图 3.1），可以看出，各代表水文站历年年降水量、年平均流量均包含了

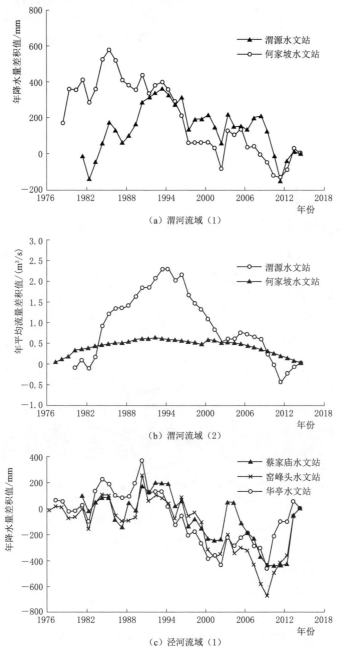

（a）渭河流域（1）

（b）渭河流域（2）

（c）泾河流域（1）

图 3.1（一）　小流域代表水文站历年年降水量与年平均流量差积曲线图

23

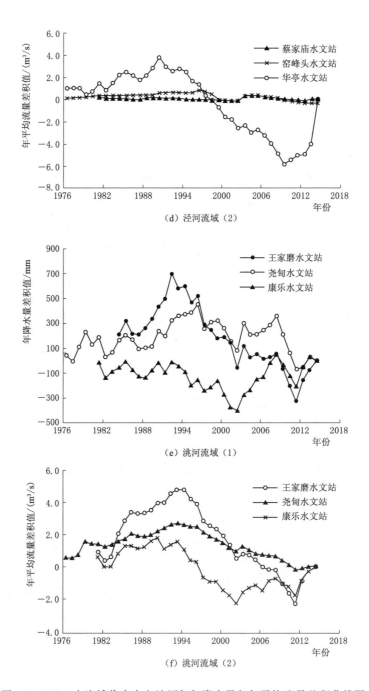

（d）泾河流域（2）

（e）洮河流域（1）

（f）洮河流域（2）

图 3.1（二）　小流域代表水文站历年年降水量与年平均流量差积曲线图

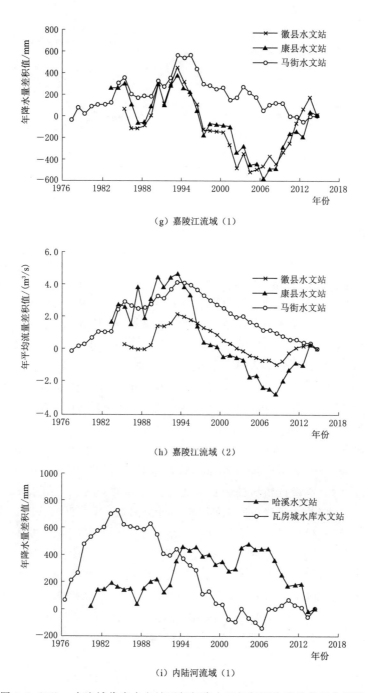

（g）嘉陵江流域（1）

（h）嘉陵江流域（2）

（i）内陆河流域（1）

图 3.1（三） 小流域代表水文站历年年降水量与年平均流量差积曲线图

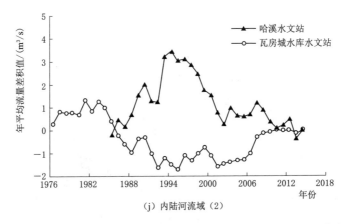

（j）内陆河流域（2）

图 3.1（四）　小流域代表水文站历年年降水量与年平均流量差积曲线图

若干个连续丰水年、平水年、枯水年，且丰、平、枯交替出现，可见资料的代表性较好。各代表水文站历年年降水量变化中，渭河流域的渭源水文站、何家坡水文站包含了 2 个丰水期（20 世纪 70 年代末至 1985 年、2011—2014 年）、2个平水期（1990—1994 年、1998—2005 年）、3 个枯水期（1986—1989 年、1995—1997 年、2006—2010 年）；泾河流域的蔡家庙水文站、窑峰头水文站、华亭水文站包含了 3 个丰水期（1983—1984 年、1987—1990 年、2010—2014年）、2个平水期（1991—1994 年、2003—2006 年）、4 个枯水期（20 世纪 70 年代末至 1982 年、1985—1986 年、1995—2002 年、2007—2009 年）；洮河流域的王家磨水文站、尧甸水文站、康乐水文站包含了 4 个丰水期（1983—1986 年、1990—1996 年、2003—2008 年、2012—2014 年）、2个平水期（1987—1989 年、1997—2000 年）、3 个枯水期（20 世纪 70 年代末至 1982 年、2001—2002 年、2009—2011 年）；嘉陵江流域的徽县水文站、康县水文站、马街水文站包含了 3个丰水期（20 世纪 70 年代末至 1984 年、1988—1993 年、2007—2014 年）、1个平水期（1998—2001 年）、3 个枯水期（1985—1987 年、1994—1997 年、2002—2006 年）；内陆河流域的哈溪水文站包含了 4 个丰水期（1980—1983 年、1987—1994 年、2002—2004 年、2013—2014 年）、4 个平水期（1984—1986 年、1995—1996 年、2005—2007 年、2011—2012 年）、2 个枯水期（1997—2001 年、2008—2010 年），瓦房城水库水文站包含了 2 个丰水期（1976—1984 年、2007—2010 年）、1 个平水期（1985—1989 年）、2 个枯水期（1990—2006 年、2011—2014 年）。

各代表水文站历年年平均流量变化中，渭河流域的渭源水文站、何家坡水文站包含了 1 个丰水期（20 世纪 70 年代末至 1989 年）、2 个平水期（1990—1994 年、1998—2005 年）、2 个枯水期（1995—1997 年、2006—2014 年）；泾河流域的蔡家庙水文站、窑峰头水文站、华亭水文站包含了 3 个丰水期（1983—1984 年、1987—1990 年、2010—2014 年）、2 个平水期（1991—1994 年、2003—2006 年）、4 个枯水期（20 世纪 70 年代末至 1982 年、1985—1986 年、1995—2002 年、2007—2009 年）；洮河流域的王家磨水文站、尧甸水文站、康乐水文站包含了 3 个丰水期（1983—1986 年、1990—1993 年、2012—2014 年）、2 个平水期（1987—1989 年、2003—2008 年）、3 个枯水期（20 世纪 70 年代末至 1982 年、1994—2002 年、2009—2011 年）；嘉陵江流域的徽县水文站、康县水文站、马街水文站包含了 3 个丰水期（20 世纪 70 年代末至 1984 年、1988—1993 年、2009—2014 年）、1 个平水期（2001—2003 年）、3 个枯水期（1985—1987 年、1994—2000 年、2004—2008 年）；内陆河流域的哈溪水文站包含了 1 个丰水期（1985—1994 年）、2 个平水期（2003—2007 年、2011—2014 年）、2 个枯水期（1995—2002 年、2008—2010 年），瓦房城水库水文站包含了 1 个丰水期（2002—2014 年）、2 个平水期（1976—1983 年、1993—2011 年）、1 个枯水期（1984—1992 年）。

3.3　分　析　方　法

3.3.1　基本分析方法

在本书分析研究中，采用数理统计法分析水文要素特征；采用线性回归模型进行水文要素历年变化趋势分析和各种相关分析；采用多元非线性回归模型建立径流量-前期影响雨量-降水量、输沙量-最大洪峰流量-径流量关系模型；采用皮尔逊Ⅲ型曲线分析计算小流域的设计洪水。

1. 一元线性回归模型

一元线性回归模型是根据自变量 x 和因变量 y 的相关关系，建立 x 与 y 的线性回归方程进行预测的方法。在诸多的影响因素中，确实存在一个对因变量影响作用明显大于其他因素的变量，才能将它作为自变量，应用一元线性回归模型进行预测。

一元线性回归模型为

$$y = a + bx \tag{3.1}$$

式中　a、b——一元线性回归方程的参数。

a、b 由下式求得：

$$\begin{cases} a = \dfrac{\sum y_i}{n} - b\,\dfrac{\sum x_i}{n} \\ b = \dfrac{n\sum x_i y_i - \sum x_i \sum y_i}{n\sum x_i^2 - (\sum x_i)^2} \end{cases} \tag{3.2}$$

27

为简便计算，定义

$$
\begin{cases}
S_{xx} = \sum(x_i - \overline{x})^2 = \sum x_i^2 - \dfrac{(\sum x_i)^2}{n} \\[3mm]
S_{yy} = \sum(y_i - \overline{y})^2 = \sum y_i^2 - \dfrac{(\sum y_i)^2}{n} \\[3mm]
S_{xy} = \sum(x_i - \overline{x})(y_i - \overline{y}) = \sum x_i y_i - \dfrac{\sum x_i \sum y_i}{n}
\end{cases}
\tag{3.3}
$$

式（3.3）中：$\overline{x} = \dfrac{\sum x_i}{n}$；$\overline{y} = \dfrac{\sum y_i}{n}$。

这样参数 a、b 由下式求得：

$$
\begin{cases}
a = \overline{y} - b\overline{x} \\[3mm]
b = \dfrac{S_{xy}}{S_{xx}}
\end{cases}
\tag{3.4}
$$

将 a、b 代入式（3.1）中，就可以建立预测模型，只要给定 x 值，即可求出预测值 y。

在回归分析预测法中，需要对 x、y 之间相关程度作出判断，这就要计算相关系数 r，其公式如下：

$$
r = \frac{\sum(x_i - \overline{x})(y_i - \overline{y})}{\sqrt{\sum(x_i - \overline{x})^2 \sum(y_i - \overline{y})^2}} = \frac{S_{xy}}{\sqrt{S_{xx} S_{yy}}}
\tag{3.5}
$$

2. 多元线性回归模型

多元线性回归模型一般公式为

$$
y = a + b_1 x_1 + b_2 x_2 + b_3 x_3 + \cdots + b_n x_n
\tag{3.6}
$$

多元线性回归模型中最简单的是只有两个自变量（$n=2$）的二元线性回归模型，其一般公式为

$$
y = a + b_1 x_1 + b_2 x_2
\tag{3.7}
$$

式中 x_1、x_2——自变量；

a、b_1、b_2——线性回归方程的参数。

a、b_1、b_2 可以通过解下列方程组得到：

$$
\begin{cases}
\sum y = na + b_1 \sum x_1 + b_2 \sum x_2 \\[2mm]
\sum x_1 y = a \sum x_1 + b_1 \sum x_1^2 + b_2 \sum x_1 x_2 \\[2mm]
\sum x_2 y = a \sum x_2 + b_1 \sum x_1 x_2 + b_2 \sum x_2^2
\end{cases}
\tag{3.8}
$$

3. 多元非线性回归模型

多元非线性回归模型一般公式为

$$
y_i = \beta_0 x_{i1}^{\beta_1} x_{i2}^{\beta_2} \cdots x_{ik}^{\beta_k} e^{\varepsilon_i}
\tag{3.9}
$$

可以通过对模型公式取对数，对变量或样本数据进行变换，将其转化成具

有标准线性形式特征的回归模型，然后再运用线性回归模型估计方法进行估计，便能间接地计算出各个系数。使用 SPSS、DPS 等软件以及办公软件 Excel，都能模拟解算线性、非线性回归模型。

4. 皮尔逊Ⅲ型频率曲线

为了综合反映水文变量的地区规律性，克服经验频率曲线外延的主观性，水文频率计算引入了能用数学方程表示的频率曲线来配合经验频率曲线点距，称为理论频率曲线。迄今为止，国内外采用的理论线型有 10 多种。根据我国多年使用经验，皮尔逊Ⅲ型频率曲线比较符合我国多数地区水文和气象的实际情况。皮尔逊Ⅲ型频率曲线是一条一端有限一端无限的不对称单峰、正偏曲线（图 3.2）。

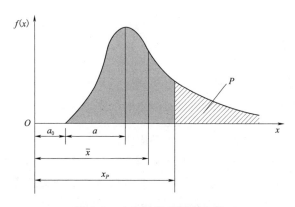

图 3.2　皮尔逊Ⅲ型频率曲线

计算过程中，一般需要求出指定频率 P 对应的随机变量取值 x_P，也就是通过对密度曲线进行积分，求出等于及大于 x_P 的累积频率 P 值。由已知的偏态系数 C_s 值，查 Φ 值表得出不同的 P 对应的 Φ 值，然后利用已知的 $\bar{x}$、变差系数 C_v，可求出与各种 P 对应的 x_P 值，从而可绘制出皮尔逊Ⅲ型频率曲线。

频率曲线绘制后，就可在频率曲线上求出指定频率 P 的设计值 x_P。由于"频率"较为抽象，常用"重现期"来代替"频率"。所谓重现期是指某随机变量的取值在长时期内平均多少年出现一次，又称多少年一遇，即

$$T = \frac{1}{P} \tag{3.10}$$

式中　T——重现期，年；

　　　P——频率，%。

3.3.2　年内分配方法

河流水沙受气候和下垫面的综合影响，年内分配的情势通常是不同的，用水文要素的年内分配百分比、年内变化幅度、年内分配过程线、年内分配不均

匀系数、年内分配集中程度及基尼系数来反映水沙年内分配的均匀程度。

1. 年内分配不均匀系数

由于气候的季节性波动,降水和气温等因素的季节性变化对河流水沙年内分配的不均匀性影响明显。反映河流水沙年内分配不均匀性的特征值有许多不同的计算方法,本次采用年内分配不均匀系数 S_v 来衡量水沙年内分配的不均匀性。

设某年水文时间序列 $c_{s,t}(t=1,2,\cdots,N)$ 中任 1 年(第 t 年)的降水量、流量、泥沙等水文监测要素实测值分配在年内 n 个时段内,记为 $c_{s,it}$ ($t=1,2,\cdots,N$;$i=1,2,\cdots,n$),则第 t 年内该序列的分配可用不均匀系数定量表示为

$$\begin{cases} S_{v,t} = \dfrac{1}{c_{s,at}}\sqrt{\dfrac{\sum\limits_{i=1}^{n}(c_{s,it}-c_{s,at})^2}{n}} = \sqrt{\dfrac{\sum\limits_{i=1}^{n}(K_{it}-1)^2}{n}} \\ K_{it} = c_{s,it}/c_{s,at} \end{cases} \tag{3.11}$$

式中　$c_{s,at}$——第 t 年的实测年平均值;

　　　$c_{s,it}$——第 t 年内时段 i 的实测平均值;

　　　n——年内划分时段数,取 $n=12$。

通过式(3.11)求得的实际上相当于水文学中常用的变差系数,是一个标准的统计参数,用它来表示水文时间序列年内分配的不均匀性具有概念明确、通用性强的特点。S_v 越大,表示该序列年内分配越不均匀。

同样,可以计算出不均匀系数的多年平均值及方差等参数,以反映序列年内分配的多年变化特征。

2. 年内分配集中程度

集中度和集中期的计算是将一年内各月的水文监测要素实测值作为向量看待,月实测值的大小为向量的长度,所处的月份为向量的方向。1—12 月每月的方位角 θ_i 分别为 0°、30°、60°、$\cdots$、360°,并把每个月的实测值分解为横坐标 x 和纵坐标 y 两个方向上的分量 S_x 和 S_y:

$$S_x = \sum_{i=1}^{12} S_i \cos\theta_i \tag{3.12}$$

$$S_y = \sum_{i=1}^{12} S_i \sin\theta_i \tag{3.13}$$

于是实测值的合成计算公式为

$$S = \sqrt{S_x^2 + S_y^2} \tag{3.14}$$

其相应的集中度 S_d 和集中期 D 定义公式如下:

$$S_d = \frac{S}{\sum\limits_{i=1}^{12} S_i} \qquad (3.15)$$

$$D = \arctan\left(\frac{S_y}{S_x}\right) \qquad (3.16)$$

由式（3.16）可以看出，合成向量的方位，即集中期 D 指示了月实测值合成后的总效应，也就是向量合成后重心所指示的角度，即表示一年中最大月实测值出现的月份；而集中度则反映了集中期实测值占年总量的比例。

3. 基尼系数

设水文时间序列为非负随机变量 Y，其累计概率分布函数为 $F(x)$，有如下关系：

$$F(x) = P \quad (Y \leqslant x) \qquad (3.17)$$

由式（3.17）可导出

$$F^{-1}(u) = \inf\{x : F(x) > x\} \quad (0 \leqslant u < 1) \qquad (3.18)$$

式中 $F^{-1}(1) = \infty$。

由式（3.18）进一步推出

$$L(p) = \frac{1}{\mu} \int_0^p F^{-1}(u) \mathrm{d}u \quad (0 \leqslant p \leqslant 1) \qquad (3.19)$$

式中 $L(p)$——随机变量 Y 的洛伦兹函数。

由此定义基尼系数 G 为

$$G = 1 - 2\int_0^1 L(p) \mathrm{d}p \qquad (3.20)$$

式中，$L(p)$ 可看成该序列不超过 x 的所有月实测值累计之和在历年月总量中所占的比例。

基尼系数的计算方法多达数十种，臧日宏的《经济学》、王健和修长柏的《西方经济学》等中有较为详细的计算方法。本书采用张建华提出的公式，该公式是对臧日宏计算方法的一个简化，十分便于计算和应用，其表达式如下：

$$G = 1 - \frac{1}{n}\left(2\sum_{i=1}^{n-1} W_i + 1\right) \qquad (3.21)$$

式中 W_i——按 1—12 月从大到小排序后的实测值累计占年总量的百分比。

基尼系数取值为 [0，1]：当基尼系数为 0 时，该序列年内分配绝对均匀；当基尼系数为 1 时，该序列年内分配绝不均匀。基尼系数越大，表示该序列年内分布越不均匀，反之亦然；同时，序列基尼系数波动越大，说明该序列年内分配振幅越大，年内时间分布稳定性越弱，旱涝灾害发生越容易、越频繁。按照国际惯例，通常把 0.4 作为基尼系数的警戒线，若基尼系数小于 0.2，表示年内分配绝对均匀；基尼系数为 0.2～0.3，表示年内分配相对均匀；基尼系数为

0.3～0.4，表示年内分配比较均匀；基尼系数为 0.4～0.5，表示年内分配不均匀；基尼系数大于 0.5，则表示年内分配极不均匀。本书按此标准评定序列年内分配的均匀程度。

3.3.3　年际分配方法

河流水沙年际变化取决于大气降水的年际变化，也受径流的补给类型及流域的地貌、地质条件的影响。一般应用统计方法研究水沙多年变化的规律，通过河流水沙多年特征值，即系列的均值、变差系数、偏态系数、年最大（小）值及其发生年份、年度变化绝对比率（极值比）及差积曲线法等来反映河流水沙的多年变化特征。

均值反映了变量取值的集中趋势或者平均水平，是最常用的基本统计量，缺点是易受极端值的影响。

变差系数是一个表示标准差相对于平均数大小的相对量，反映频率密度分配曲线的平均情况和离散程度。

偏态系数是说明随机系列分配不对称程度的统计参数，以平均值与中位数之差对标准差之比率来衡量偏斜的程度。偏态系数小于 0，平均数在众数之左，是一种左偏的分布，又称为负偏；偏态系数大于 0，均值在众数之右，是一种右偏的分布，又称为正偏。偏态系数绝对值越大，偏斜越严重。

极值比是指序列最大值与最小值之比，反映了变量的变幅。

差积曲线法是通过计算每年变量距离均值的值，然后按照年序列相加得到距平累积序列。

$$\mathrm{ADDA}_i = \sum_{i=1}^{n}(X_i - \overline{X}) \tag{3.22}$$

式中　ADDA_i——第 i 年的差积值；

X_i——第 i 年的时序数据；

$\overline{X}$——多年平均值。

当差积值持续增大时，表明该时段内数值距平持续为正；当差积值持续不变时，表明该时段内数据距平持续为零，即保持平均；当差积值持续减小时，表明该时段内数据距平持续为负。据此，可以比较直观准确地确定时间序列变量的年际阶段性变化。

降水、径流丰枯年份及泥沙偏多偏少年份，均按±20％统计，即当年值大于 20％为丰水年或多沙年份，小于−20％为枯水年或少沙年份。

3.3.4　趋势分析方法

1. 累积滤波器法

累积滤波器法能充分反映时间序列定性的变化趋势，其原理如下：

$$\overline{S} = \frac{\sum\limits_{i=1}^{n} P_i}{n'\overline{P}} \quad (n' = 1, 2, \cdots, n) \tag{3.23}$$

式中　$\overline{S}$——累积平均值；

　　　P——时间序列；

　　　$\overline{P}$——时间序列平均值；

　　　n——序列长度。

当 $\overline{S} < 1$ 时，该时间序列呈增长趋势；当 $\overline{S} > 1$ 时，该时间序列呈衰减趋势；当 $\overline{S} \approx 1$ 时，该时间序列趋于平稳，没有显著增减趋势。

2. 坎德尔秩次相关检验

对于序列 x_1，x_2，$\cdots$，x_n，先确定所有对偶值 $(x_i，x_j，j > i)$ 中 $x_i < x_j$ 出现的次数（设为 p）。顺序的 $(i，j)$ 子集是：$(i=1，j=2，3，4，\cdots，n)$，$(i=2，j=3，4，5，\cdots，n)$，$\cdots$，$(i=n-1，j=n)$。如果按顺序前进的值全部大于前一个值，这是一种上升趋势，p 为 $(n-1)+(n-2)+\cdots+1$，即为等差级数，则总和为 $\frac{1}{2}(n-1)n$。如果序列全部倒过来，则 $p=0$，即为下降趋势。由此可知，对于无趋势的序列，p 的数学期望 $E(p) = \frac{1}{4}n(n-1)$。

此检验的统计量

$$U = \frac{\tau}{\left[\mathrm{Var}(\tau)\right]^{\frac{1}{2}}} \tag{3.24}$$

式中

$$\tau = \frac{4p}{n(n-1)} - 1 \tag{3.25}$$

式中　p——研究序列所有的对偶观测值 $(x_i，x_j，i < j)$ 中 $x_i < x_j$ 出现的次数；

　　　n——系列的长度。

$$\mathrm{Var}(\tau) = \frac{2(2n+5)}{9n(n-1)} \tag{3.26}$$

当 n 增加时，U 很快收敛于标准化正态分布。

原假设为无趋势，当给定显著水平 α 后，在正态分布表中查出临界值 $U_{\alpha/2}$，当 $|U| \leqslant U_{\alpha/2}$ 时，接受原假设，即趋势不显著；当 $|U| > U_{\alpha/2}$ 时，拒绝原假设，即趋势显著。

3. 斯波曼秩次相关检验

斯波曼秩次相关检验主要通过分析水文序列 x_i 与其时序 i 的相关性而检验

33

水文序列是否具有趋势性。在运算时，水文序列 x_i 用其秩次 R_i（将序列 x_i 从大到小排列时，x_i 所对应的序号）代表，则秩次相关系数为

$$\begin{cases} r = 1 - \dfrac{6\sum\limits_{i=1}^{n} d_i^2}{n^3 - n} \\ d_i = R_i - i \end{cases} \tag{3.27}$$

式中　n——序列长度。

如果秩次 R_i 与时间序列 i 相近，则 d_i 较小，秩次相关系数较大，趋势性显著。

3.3.5　突变分析方法

1. M－K 统计检验法

M－K 统计检验法是一种非参数统计检验方法。非参数统计检验方法亦称无分布检验，其优点是不需要样本遵从一定的分布，也不受少数异常值的干扰，更适用于类型变量和顺序变量，计算也比较简便。由于最初由 Mann 和 Kendall 提出原理并发展了这一方法，故称其为 M－K 统计检验法。

对于具有 n 个样本量的时间序列 x，构造一秩序列：

$$S_k = \sum_{i=1}^{k} r_i \quad (k=2,3,4,\cdots,n) \tag{3.28}$$

式中：$r_i = \begin{cases} 1 & (x_i > x_j) \\ 0 & (x_i \leqslant x_j) \end{cases} \quad (j=1, 2, \cdots, n)$。

可见，秩序列 S_k 是第 i 时刻数值大于 j 时刻数值个数的累计数。

在时间序列随机独立的假定下，定义统计量

$$\mathrm{UF}_k = \frac{[S_k - E(S_k)]}{\sqrt{\mathrm{Var}(S_k)}} \quad (k=2,3,4,\cdots,n; \mathrm{UF}_1 = 0) \tag{3.29}$$

式中　$E(S_k)$、$\mathrm{Var}(S_k)$——累计数 S_k 的均值和方差。

在 x_1，x_2，$\cdots$，x_n 相互独立，且有相同连续分布时，可由公式计算得到：

$$E(S_k) = \frac{n(n+1)}{4} \tag{3.30}$$

$$\mathrm{Var}(S_k) = \frac{n(n-1)(2n+5)}{72} \tag{3.31}$$

UF_k 为标准正态分布，它是按时间序列 x 顺序 x_1，x_2，$\cdots$，x_n 计算出的统计量序列，给定显著性水平 α，查正态分布表，若 $|\mathrm{UF}_k| > U_\alpha$，则表明序列存在明显的变化。

按时间序列 x 逆序 x_n，x_{n-1}，$\cdots$，x_1 重复上述过程，同时使 $\mathrm{UB}_k = -\mathrm{UF}_k (k=n, n-1, \cdots, 1; \mathrm{UB}_1 = 0)$。

分析给出的 UF_k 和 UB_k 曲线图。若 UF_k 或 UB_k 的值大于 0，表明序列呈上升趋势；小于 0，则表明呈下降趋势。当它们超过临界直线时，表明上升或下降趋势显著。若超过显著性 $\alpha=0.05$ 的临界值，则说明发生突变的概率很大。

2. 均值跳跃性检验

均值是否存在跳跃，目前多采用分割样本的方法进行检验。这种方法的基本思路是：对于水文资料系列 x_1，x_2，…，x_τ，$x_{\tau+1}$，…，x_n，若 τ 为可能的跳跃点，那么假定 x_1，x_2，…，x_τ 的边际分布为 $F(x)$，$x_{\tau+1}$，$x_{\tau+2}$，…，x_n 的边际分布为 $G(x)$，原假设为 $F(x)$ 与 $G(x)$ 同分布，即在时间 τ 前后边际分布无变化（出于同一总体），因而资料是一致的，检验结果表明可以接受原假设；若边际分布有变化，则资料系列是不一致的，τ 为分割点，检验结果表明应拒绝原假设。在进行样本分割检验时，应先确定出分割点 τ，然后再进行检验。

3. 时序累积值相关法

设研究系列 $x_t(t=1，2，…，n)$，参证系列 $y_t(t=1，2，…，n)$（已知不包含跳跃成分），两序列时序累积值分别为

$$g_j = \sum_{t=1}^{j} x_t，\quad m_j = \sum_{t=1}^{j} y_t \tag{3.32}$$

点绘 $g_j - m_j$ 相关图，若研究序列 x_t 跳跃不显著，则 $g_j - m_j$ 关系曲线为一条直线，否则为一折线，转折点即为可能的分割点。

4. 里和海哈林法

对于系列 $x_t(t=1，2，…，n)$，在假定总体正态分布和分割点先验分布为均匀分布的情况下，推得可能分割点 τ 的后验条件概率密度函数：

$$f(\tau/x_1,x_2,\cdots,x_n)=k[n/\tau(n-\tau)]^{1/2}[R(\tau)]^{-(n-2)/2} \quad (1\leqslant\tau\leqslant n-1) \tag{3.33}$$

式中　k——比例常数。

其中：

$$R(\tau)=\left[\sum_{t=1}^{\tau}(x_t-\overline{x})^2+\sum_{t=\tau+1}^{n}(x_t-\overline{x}_{n-\tau})^2\right]/\sum_{t=1}^{n}(x_t-\overline{x}_n) \tag{3.34}$$

$$\overline{x}_\tau=\frac{1}{\tau}\sum_{t=1}^{\tau}x_t \tag{3.35}$$

$$\overline{x}_{n-\tau}=\frac{1}{n-\tau}\sum_{t=\tau+1}^{n}x_t \tag{3.36}$$

$$\overline{x}_n=\frac{1}{n}\sum_{t=1}^{n}x_t \tag{3.37}$$

根据后验条件概率密度函数，将满足 $\max\limits_{1\leqslant\tau\leqslant n-1}\{f(\tau/x_1,x_2,\cdots,x_n)\}$ 条件的 τ 记为 τ_0，这就是最可能的分割点。

5. 有序聚类分析法

对于系列 $x_t (t=1, 2, \cdots, n)$，设可能的分割点为 τ，则分割前后离差平方和表示为

$$V_\tau = \sum_{t=1}^{\tau} (x_t - \overline{x}_\tau)^2 \tag{3.38}$$

$$V_{n-\tau} = \sum_{t=\tau+1}^{n} (x_t - \overline{x}_{n-\tau})^2 \tag{3.39}$$

其中 $\overline{x}_\tau$ 和 $\overline{x}_{n-\tau}$ 的意义同前，则总离差平方和为

$$S_n(\tau) = V_\tau + V_{n-\tau} \tag{3.40}$$

则有最优二分割

$$S_n^* = \min_{1 \leqslant \tau \leqslant -1} \{S_n(\tau)\} \tag{3.41}$$

满足上述条件的 τ 记为 τ_0，将其作为最可能的分割点。

第 4 章

水 沙 演 变 规 律

4.1 年 内 变 化 规 律

4.1.1 降水量

1. 年降水量月分配百分比

绘制代表水文站年降水量月分配百分比图（图 4.1），可见年降水分配不均，5—9 月连续 5 个月降水量占全年降水量的 77.2%～81.7%，最大月降水量分

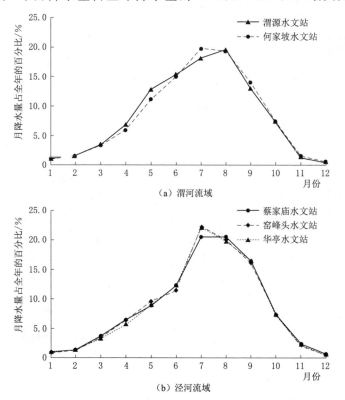

（a）渭河流域

（b）泾河流域

图 4.1（一） 代表水文站年降水量月分配百分比图

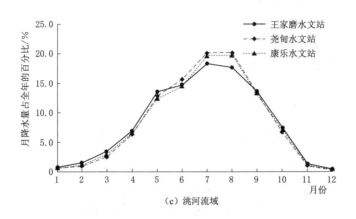

（c）洮河流域

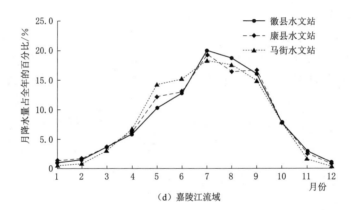

（d）嘉陵江流域

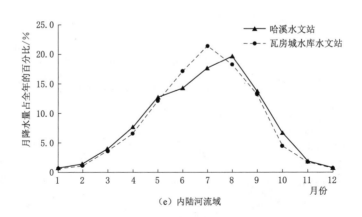

（e）内陆河流域

图 4.1（二）　代表水文站年降水量月分配百分比图

布在 7—8 月，占全年降水量的 18.2%～22.0%。

2. 基尼系数

绘制代表水文站年降水量基尼系数图（图 4.2），可见代表水文站年降水量基尼系数分布在 0.353～0.736，按照基尼系数的定义，各小流域年降水量分配不均。

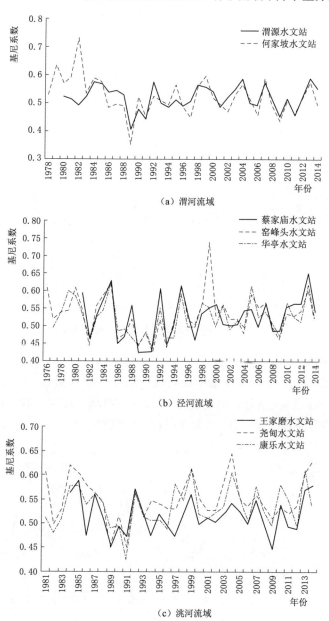

（a）渭河流域

（b）泾河流域

（c）洮河流域

图 4.2（一）　代表水文站年降水量基尼系数图

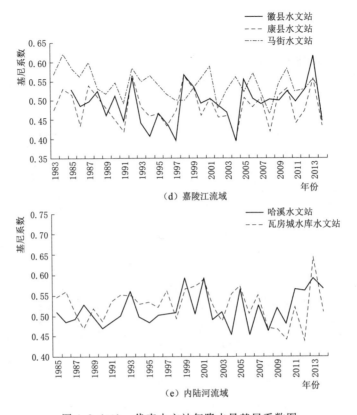

（d）嘉陵江流域

（e）内陆河流域

图 4.2（二）　代表水文站年降水量基尼系数图

3. 集中度与集中期分布

绘制代表水文站年降水量集中度与集中期分布图（图 4.3），总体上，年降水量集中期分布在 6—9 月，集中度在 32.5%~84.8%之间。其中：渭河流域年降水量集中期分布在 7 月 2 日—9 月 13 日，集中度为 32.5%~84.8%；泾河流域

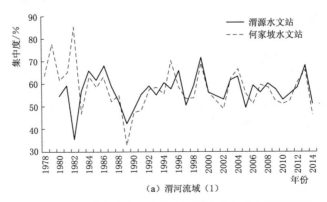

（a）渭河流域（1）

图 4.3（一）　代表水文站年降水量集中度与集中期分布图

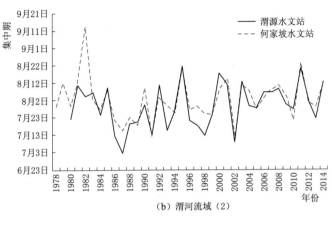

（b）渭河流域（2）

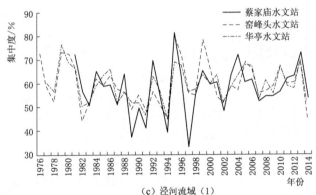

（c）泾河流域（1）

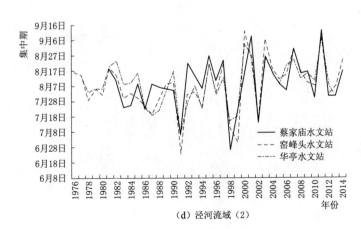

（d）泾河流域（2）

图 4.3（二）　代表水文站年降水量集中度与集中期分布图

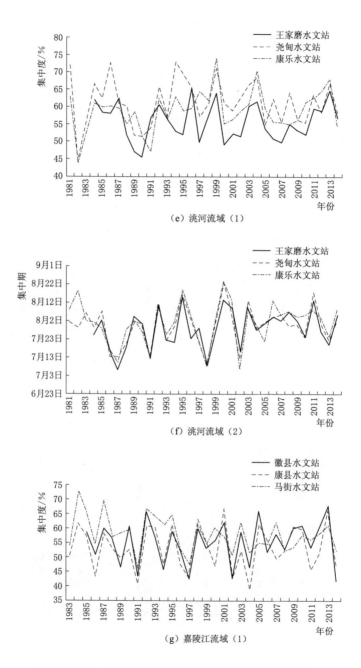

（e）洮河流域（1）

（f）洮河流域（2）

（g）嘉陵江流域（1）

图 4.3（三） 代表水文站年降水量集中度与集中期分布图

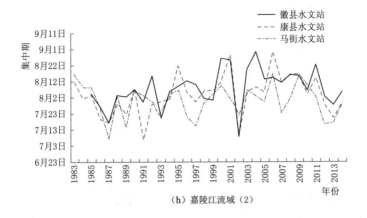

（h）嘉陵江流域（2）

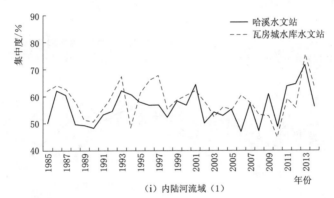

（i）内陆河流域（1）

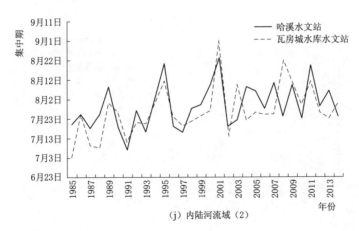

（j）内陆河流域（2）

图 4.3（四）　代表水文站年降水量集中度与集中期分布图

年降水量集中期分布在 6 月 24 日—9 月 12 日，集中度为 33.1%～81.2%；洮河流域年降水量集中期分布在 7 月 6 日—8 月 23 日，集中度为 43.9%～73.8%；嘉陵江流域年降水量集中期分布在 7 月 6 日—8 月 30 日，集中度为 38.6%～72.9%；内陆河流域年降水量集中期分布在 7 月 3 日—8 月 31 日，集中度为 44.6%～75.4%。

4.1.2　径流量

1. 年径流量月分配百分比

绘制代表水文站年径流量月分配百分比图（图 4.4），可见径流年内分配不均，变化与年降水量基本一致。渭河、洮河、内陆河各小流域及泾河流域大路河 5—9 月连续 5 个月径流量占全年径流量的 66.4%～86.1%；嘉陵江流域各小流域及泾河流域蔡家庙沟 6—10 月连续 5 个月径流量占全年径流量的 67.5%～83.8%；泾河流域石堡子河 7—11 月连续 5 个月径流量占全年径流量的 69.3%；最大月径流量一般出现在 7—9 月，占全年径流量的 15.2%～27.1%。

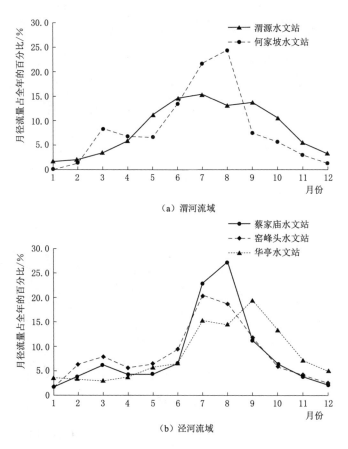

（a）渭河流域

（b）泾河流域

图 4.4（一）　代表水文站年径流量月分配百分比图

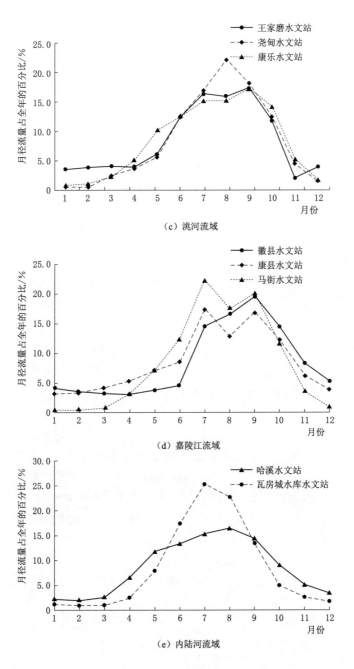

（c）洮河流域

（d）嘉陵江流域

（e）内陆河流域

图 4.4（二）　代表水文站年径流量月分配百分比图

2. 基尼系数

绘制代表水文站年径流量基尼系数图（图 4.5），可见代表水文站基尼系数分布在 0.089～0.855 之间，按照基尼系数的定义，除洮河流域漫坝河小流域和嘉陵江流域罗家河、岸门口河小流域年径流量分配均匀外，其余各小流域年径流量分配不均。

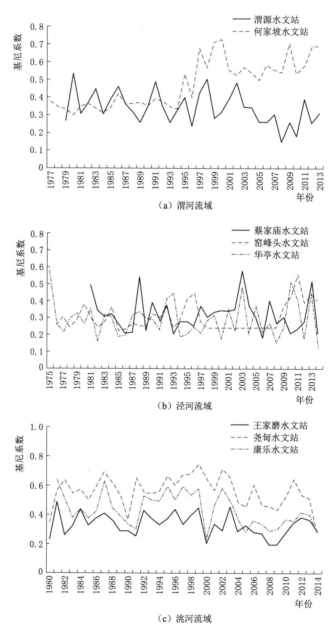

图 4.5（一）　代表水文站年径流量基尼系数图

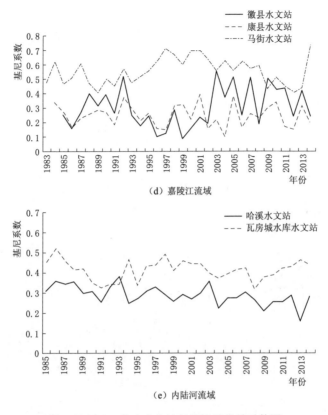

（d）嘉陵江流域

（e）内陆河流域

图 4.5（二）　代表水文站年径流量基尼系数图

3. 集中度与集中期分布

绘制代表水文站年径流量集中度与集中期分布图（图 4.6），总体上，径流量集中期分布在 4—9 月，集中度为 4.25%～94.3%。其中：渭河流域年径流量

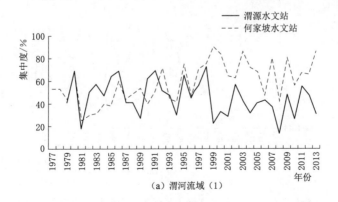

（a）渭河流域（1）

图 4.6（一）　代表水文站年径流量集中度与集中期分布图

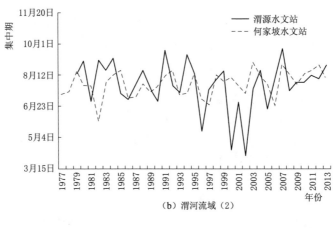

（b）渭河流域（2）

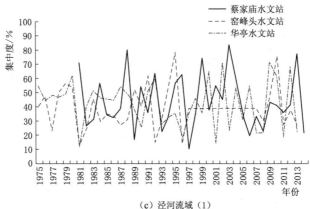

（c）泾河流域（1）

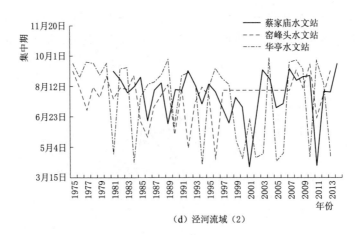

（d）泾河流域（2）

图 4.6（二）　代表水文站年径流量集中度与集中期分布图

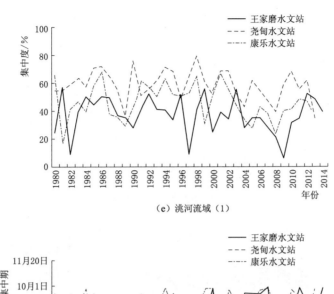

（e）洮河流域（1）

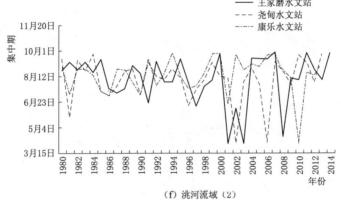

（f）洮河流域（2）

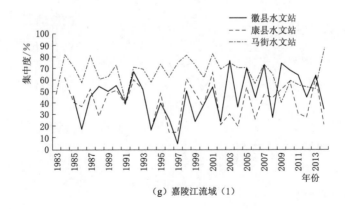

（g）嘉陵江流域（1）

图 4.6（三） 代表水文站年径流量集中度与集中期分布图

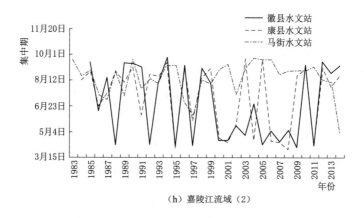

（h）嘉陵江流域（2）

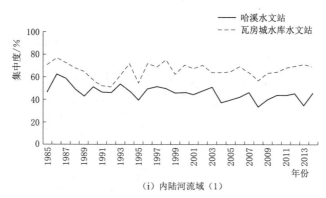

（i）内陆河流域（1）

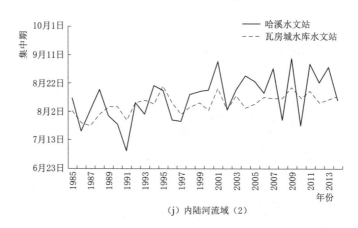

（j）内陆河流域（2）

图 4.6（四）　代表水文站年径流量集中度与集中期分布图

集中期分布在 4 月 3 日—9 月 22 日，集中度为 13.1%~90.3%；泾河流域年径流量集中期分布在 4 月 2 日—9 月 27 日，集中度为 10.4%~83.3%；洮河流域年径流量集中期分布在 4 月 2 日—9 月 27 日，集中度为 6.85%~94.3%；嘉陵江流域年径流量集中期分布在 3 月 31 日—9 月 23 日，集中度为 4.25%~90.6%；内陆河流域年径流量集中期分布在 7 月 5 日—9 月 8 日，集中度为 33.5%~76.3%。

4.1.3 输沙量

1. 年输沙量月分配百分比

内陆河流域 2 个小流域未开展泥沙测验，其他小流域代表水文站年输沙量月分配百分比见图 4.7，可见输沙量年内分配极不均匀。除罗家河小流域代表水文站 6—10 月连续 5 个月输沙量占全年输沙量的 99.5%外，其余小流域 5—9 月连续 5 个月输沙量占全年输沙量的 94.4%~97.9%；除蔡家庙沟、东峪沟、北峪河小流域代表水文站的最大月输沙量出现在 8 月，占全年输沙量的 27.2%~43.7%外，其余小流域代表水文站最大月输沙量均出现在 7 月，占全年输沙量的 34.4%~46.4%。

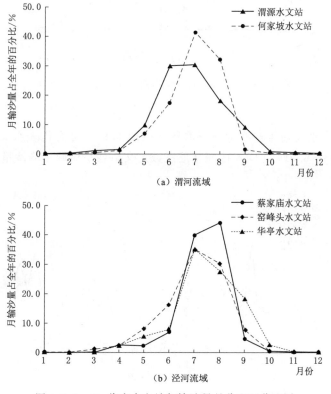

图 4.7（一） 代表水文站年输沙量月分配百分比图

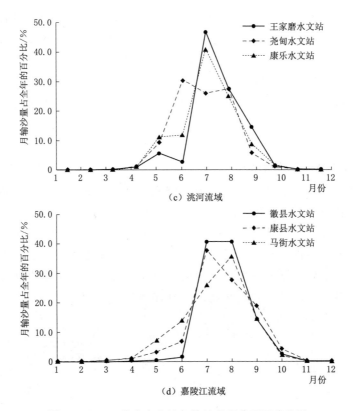

（c）洮河流域

（d）嘉陵江流域

图 4.7（二） 代表水文站年输沙量月分配百分比图

2. 基尼系数

绘制代表水文站年输沙量基尼系数图（图 4.8），可见代表水文站基尼系数分布在 0.528～0.917 之间，按照基尼系数定义，各小流域年输沙量分配不均。

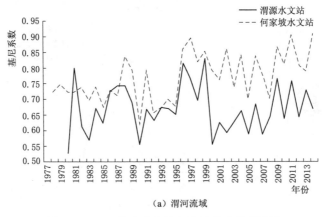

（a）渭河流域

图 4.8（一） 代表水文站年输沙量基尼系数图

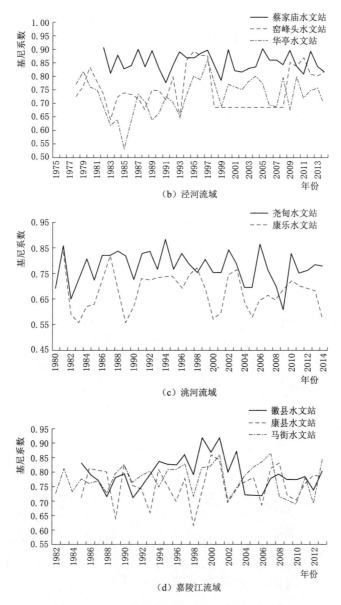

图 4.8（二）　代表水文站年输沙量基尼系数图

3. 集中度与集中期分布

绘制代表水文站年输沙量集中度与集中期分布图（图 4.9），总体上，年输沙量集中期分布在 4—9 月，集中度为 33%～100%。其中：渭河流域年输沙量集中期分布在 6 月 1 日—9 月 21 日，集中度为 46.6%～99.5%；泾河流域年输沙量集中期分布在 6 月 2 日—9 月 24 日，集中度为 54%～99%；洮河流域年输沙量集中期分布在 5 月 7 日—9 月 11 日，集中度为 60.7％～96.4％；嘉陵江流域年输沙量集中期分布在 4 月 4 日—9 月 26 日，集中度为 33％～100％。

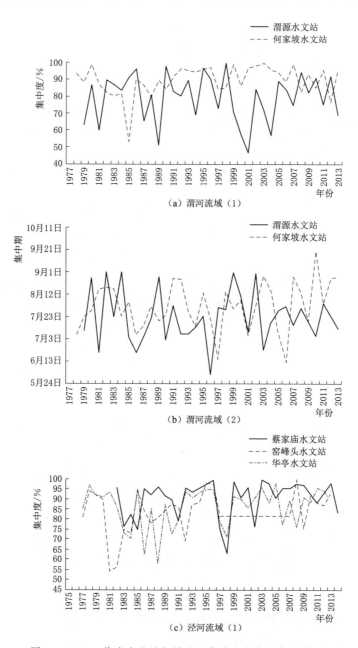

（a）渭河流域（1）

（b）渭河流域（2）

（c）泾河流域（1）

图 4.9（一）　代表水文站年输沙量集中度与集中期分布图

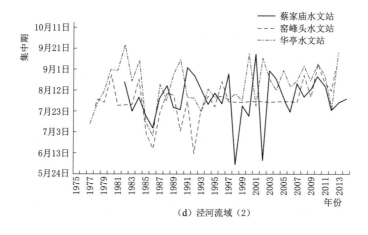

（d）泾河流域（2）

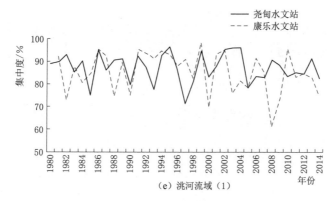

（e）洮河流域（1）

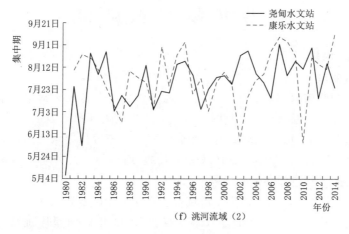

（f）洮河流域（2）

图 4.9（二）　代表水文站年输沙量集中度与集中期分布图

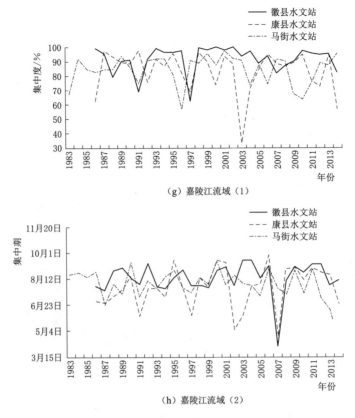

（g）嘉陵江流域（1）

（h）嘉陵江流域（2）

图 4.9（三）　代表水文站年输沙量集中度与集中期分布图

4.2　年 际 变 化 规 律

4.2.1　年降水量

1. 渭河流域

绘制清源河流域渭源、牛谷河流域何家坡 2 个代表水文站年降水量过程线图、模比系数图、历年丰枯变化图、年代丰枯变化图（图 4.10）。

从图 4.10（a）可知，清源河、牛谷河两个小流域代表水文站年降水量趋势方程系数为－6.23mm/10a、－10.6mm/10a，均为负数，说明年降水量总体呈平稳减少趋势，但趋势变化不显著。

从图 4.10（b）可知，两个小流域代表水文站年降水量总体呈增—减—增三个阶段变化，其中：清源河流域代表水文站 1993 年以前呈增加趋势，1994—2011 年呈减少趋势，2012 年以后呈增加趋势；牛谷河流域代表水文站 1985 年以前呈增加趋势，1986—2011 年呈减少趋势，2012 年以后呈增加趋势。

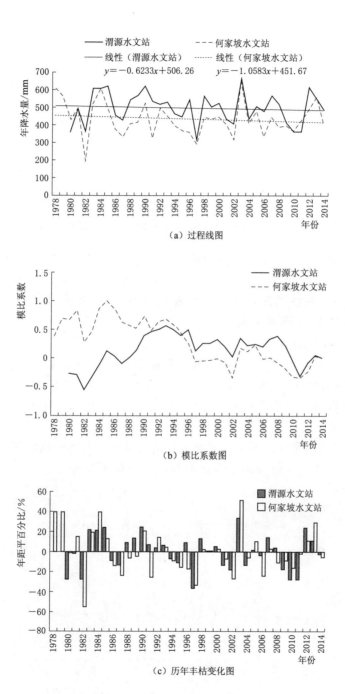

（a）过程线图

（b）模比系数图

（c）历年丰枯变化图

图 4.10（一） 渭河流域代表水文站年降水量年际变化分析图

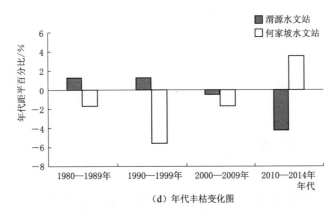

（d）年代丰枯变化图

图 4.10（二）　渭河流域代表水文站年降水量年际变化分析图

从图 4.10（c）可知，清源河流域代表水文站 1983—1985 年、1990 年、2003 年、2012 年年降水量偏丰，1980 年、1982 年、1997 年、2010 年、2011 年年降水量偏枯；牛谷河流域代表水文站 1978 年、1979 年、1984 年、1990 年、2003 年、2013 年年降水量偏丰，1982 年、1987 年、1991 年、1997 年、2002 年、2006 年年降水量偏枯。

从图 4.10（d）可知，两个小流域代表水文站各年代年降水量丰枯均在正常值范围内，清源河流域代表水文站 2010—2014 年年降水量正常偏枯；牛谷河流域代表水文站 20 世纪 90 年代年降水量正常偏枯、2010—2014 年年降水量正常偏丰。

2. 泾河流域

绘制蔡家庙沟流域蔡家庙、大路河流域窑峰头、石堡子河流域华亭 3 个代表水文站年降水量过程线图、模比系数图、历年丰枯变化图、年代丰枯变化图（图 4.11）。

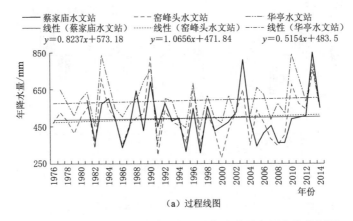

（a）过程线图

图 4.11（一）　泾河流域代表水文站年降水量年际变化分析图

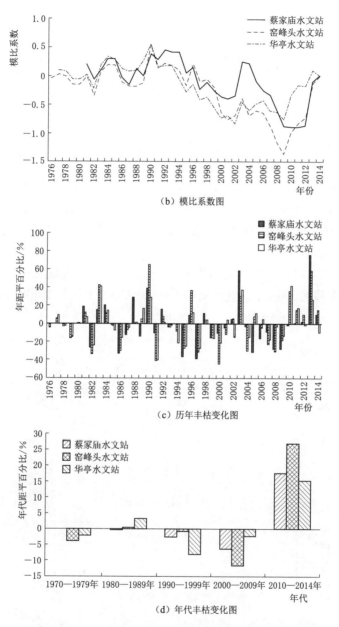

（b）模比系数图

（c）历年丰枯变化图

（d）年代丰枯变化图

图 4.11（二）　泾河流域代表水文站年降水量年际变化分析图

　　从图 4.11（a）可知，蔡家庙沟、大路河、石堡子河三个小流域代表水文站年降水量趋势方程系数为 8.24mm/10a、10.7mm/10a、5.15mm/10a，均为正数，说明年降水量总体呈平稳增加趋势，但趋势变化不显著。

　　从图 4.11（b）可知，三个小流域代表水文站年降水量变化趋势基本一致，总体呈增—减—增三个阶段变化，其中：1990年以前呈增加趋势，1991—2009年呈减少趋势，2010年以后呈增加趋势。

从图4.11（c）可知，蔡家庙沟流域代表水文站1984年、1988年、1990年、2003年、2013年年降水量偏丰，1982年、1986年、1995年、1997年、2005年、2008—2009年年降水量偏枯；大路河流域代表水文站1983年、1990年、1996年、2003年、2010年、2013年年降水量偏丰，1982年、1986年、1991年、1995年、1997年、2000年、2004年、2007年、2008年年降水量偏枯；石堡子河流域代表水文站1983年、1990年、2003年、2010年、2013年年降水量偏丰，1982年、1991年、1994—1995年、1997年、2000年年降水量偏枯。

从图4.11（d）可知，三个小流域代表水文站年降水量在20世纪70—90年代均在正常值范围内，但在2000—2009年正常偏枯，在2010—2014年总体偏丰。

3. 洮河流域

绘制漫坝河流域王家磨、东峪沟流域尧甸、苏家集河流域康乐3个代表水文站年降水量过程线图、模比系数图、历年丰枯变化图、年代丰枯变化图（图4.12）。

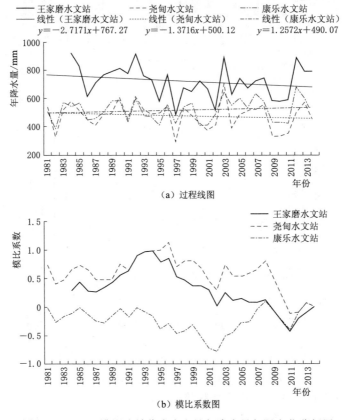

（a）过程线图

（b）模比系数图

图4.12（一） 洮河流域代表水文站年降水量年际变化分析图

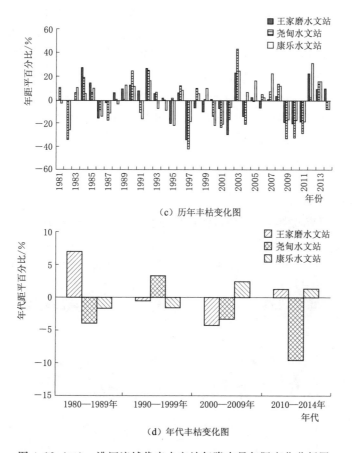

（c）历年丰枯变化图

（d）年代丰枯变化图

图 4.12（二） 洮河流域代表水文站年降水量年际变化分析图

从图 4.12（a）可知，漫坝河、东峪沟两个小流域代表水文站年降水量趋势方程系数为 -27.2mm/10a、-13.7mm/10a，均为负数，说明年降水量总体呈减少趋势；苏家集河代表水文站年降水量趋势方程系数为 12.6mm/10a，为正数，说明年降水量呈增加趋势，但总体趋势变化不显著。

从图 4.12（b）可知，三个小流域代表水文站年降水量可划分为两个阶段，漫坝河流域代表水文站以 1994 年为分界点，1994 年之前年降水量总体呈增加趋势，之后年降水量呈减少趋势；东峪沟流域代表水文站以 1996 年为分界点，1996 年之前年降水量总体呈增加趋势，之后年降水量呈减少趋势；苏家集河流域代表水文站以 2002 年为分界点，2002 年之前年降水量总体呈减少趋势，之后年降水量呈增加趋势。

从图 4.12（c）可知，漫坝河流域代表水文站 1984 年、1992 年、2003 年、2012 年年降水量偏丰，1997 年、2002 年年降水量偏枯；东峪沟流域代表水文站

1990 年、1992 年、2003 年年降水量偏丰，1982 年、1997 年、2001 年、2004
年、2009—2011 年年降水量偏枯；苏家集河流域代表水文站 2003 年、2007 年、
2012 年年降水量偏丰，1982 年、1995 年、2000—2001 年年降水量偏枯。

从图 4.12（d）可知，三个小流域代表水文站各年代年降水量变化均在正常
值范围内，漫坝河流域代表水文站 20 世纪 80 年代、2010—2014 年年降水量正
常偏丰，20 世纪 90 年代、2000—2009 年年降水量正常偏枯；东峪沟流域代表
水文站 20 世纪 90 年代年降水量正常偏丰，其余年代年降水量正常偏枯；苏家集
河流域代表水文站 20 世纪 80—90 年代年降水量正常偏枯，2000—2014 年年降
水量正常偏丰。

4. 嘉陵江流域

绘制罗家河流域徽县、岸门口河流域康县、北峪河流域马街 3 个代表水文站
年降水量过程线图、模比系数图、历年丰枯变化图、年代丰枯变化图（图 4.13）。

从图 4.13（a）可知，罗家河、岸门口河两个小流域代表水文站年降水量趋

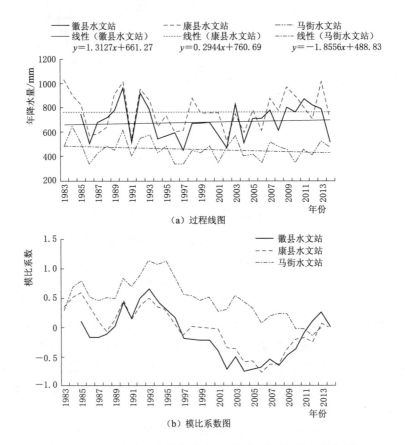

图 4.13（一） 嘉陵江流域代表水文站年降水量年际变化分析图

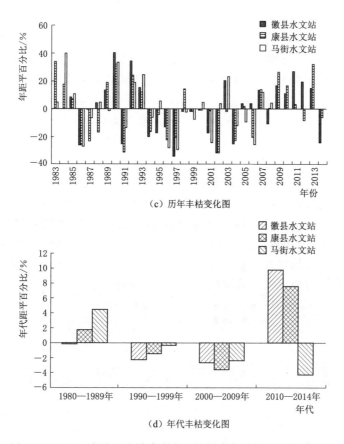

（c）历年丰枯变化图

（d）年代丰枯变化图

图 4.13（二） 嘉陵江流域代表水文站年降水量年际变化分析图

势方程系数为 13.1mm/10a、2.9mm/10a，均为正数，说明年降水量总体呈增加趋势；北峪河代表水文站年降水量趋势方程系数为 $-18.6mm/10a$，为负数，说明年降水量呈减少趋势，但总体趋势变化不显著。

从图 4.13（b）可知，三个小流域代表水文站年降水量可划分为三个阶段，1993 年以前为第一阶段，三个小流域年降水量总体呈增加趋势；1994 年以后，罗家河流域和岸门口河流域代表水文站的年降水量均呈减少趋势，直到 2005 年前后，而北峪河流域代表水文站年降水量的减少趋势一直持续到 2012 年；第三阶段三个流域代表水文站年降水量总体均呈增加趋势。

从图 4.13（c）可知，罗家河流域代表水文站 1990 年、1992 年、2003 年、2011 年年降水量偏丰，1986 年、1991 年、1994 年、1997 年、2002 年、2004年、2014 年年降水量偏枯；岸门口河流域代表水文站 1983 年、1990 年、1992年、2009 年、2013 年年降水量偏丰，1986—1988 年、1991 年、1996 年、1997年、2002 年、2004 年、2006 年年降水量偏枯；北峪河流域代表水文站 1984 年、

1990 年、1993 年、2003 年年降水量偏丰，1986 年、1996 年、1997 年、2001 年、2006 年、2010 年年降水量偏枯。

从图 4.13（d）可知，罗家河流域代表水文站 2010—2014 年年降水量正常偏丰，1980—2009 年年降水量正常偏枯；岸门口河流域代表水文站 20 世纪 80 年代和 2010—2014 年年降水量正常偏丰，1990—2009 年年降水量正常偏枯；北峪河流域代表水文站 20 世纪 80 年代年降水量正常偏丰，2000—2014 年年降水量正常偏枯。

5. 内陆河流域

绘制峡门河流域哈溪、大堵麻河流域瓦房城水库 2 个代表水文站年降水量过程线图、模比系数图、历年丰枯变化图、年代丰枯变化图（图 4.14）。

从图 4.14（a）可知，峡门河流域代表水文站年降水量趋势方程系数为 $-26.6\text{mm}/10\text{a}$，为负数，说明年降水量总体呈平稳减少趋势；大堵麻河流域代表水文站年降水量趋势方程系数为 $21.3\text{mm}/10\text{a}$，为正数，说明年降水量总体呈平稳增加趋势，但两个水文站的趋势变化均不显著。

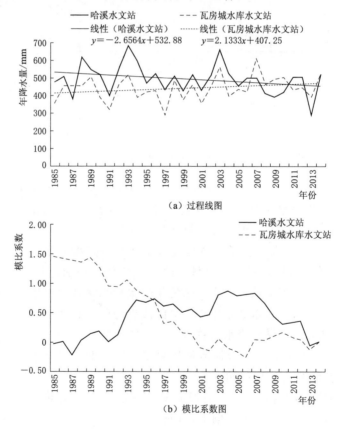

（a）过程线图

（b）模比系数图

图 4.14（一） 内陆河流域代表水文站年降水量年际变化分析图

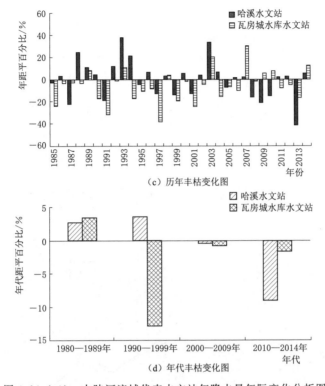

（c）历年丰枯变化图

（d）年代丰枯变化图

图 4.14（二）　内陆河流域代表水文站年降水量年际变化分析图

从图 4.14（b）可知，峡门河流域哈溪水文站 1996 年以前年降水量呈增加趋势，1997—2004 年呈平稳变化趋势，2005 年以后呈减少趋势；大堵麻河流域代表水文站 2006 年以前年降水量呈减少趋势，此后呈增长趋势。

从图 4.14（c）可知，峡门河流域代表水文站 1988 年、1993 年、1994 年、2003 年年降水量偏丰，1987 年、2009 年、2013 年年降水量偏枯；大堵麻河流域代表水文站 2003 年、2007 年年降水量偏丰，1985 年、1991 年、1997 年、2001 年年降水量偏枯。

从图 4.14（d）可知，两个小流域代表水文站年降水量年代丰枯均在正常值范围内，峡门河流域代表水文站 20 世纪 80—90 年代年降水量正常偏丰，2000—2014 年年降水量正常偏枯；大堵麻河流域代表水文站 20 世纪 80 年代年降水量正常偏丰，1990—2014 年正常偏枯。

4.2.2　年径流量

1. 渭河流域

绘制清源河流域渭源、牛谷河流域何家坡 2 个代表水文站年径流量过程线图、模比系数图、历年丰枯变化图、年代丰枯变化图（图 4.15）。

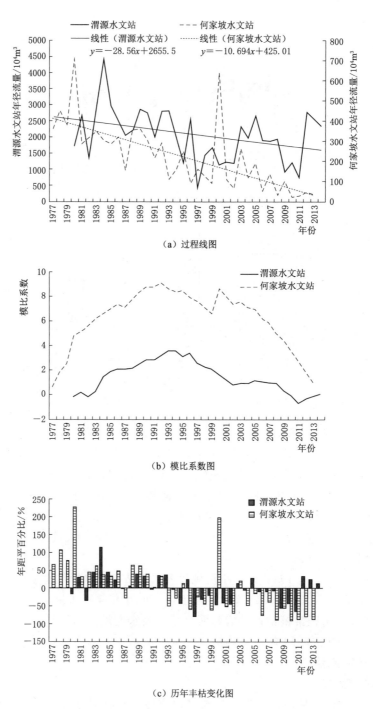

（a）过程线图

（b）模比系数图

（c）历年丰枯变化图

图 4.15（一）　渭河流域代表水文站年径流量年际变化分析图

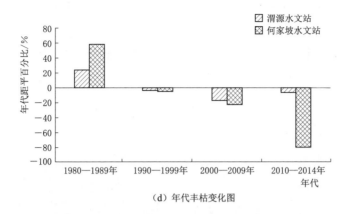

(d) 年代丰枯变化图

图 4.15（二）　渭河流域代表水文站年径流量年际变化分析图

从图 4.15（a）可知，清源河、牛谷河两个小流域代表水文站年径流量趋势方程系数为 $-28.6 \times 10^4 \mathrm{m}^3/\mathrm{a}$、$-10.7 \times 10^4 \mathrm{m}^3/\mathrm{a}$，均为负数，说明年径流量总体呈平稳减少趋势，且趋势变化十分显著。

从图 4.15（b）可知，两个小流域代表水文站年径流量可划分为两个阶段，清源河小流域代表水文站以 1993 年为界，牛谷河小流域代表水文站以 1992 年为界，之前年径流量呈增加趋势，之后则呈减少趋势。

从图 4.15（c）可知，清源河流域代表水文站 1981 年、1983—1986 年、1989 年、1990 年、1992—1993 年、1996 年、2005 年、2012 年、2013 年年径流量偏丰，1982 年、1995 年、1997 年、1998 年、2000—2002 年、2009—2011 年年径流量偏枯；牛谷河流域代表水文站 1978—1986 年、1988—1990 年、1992 年、2000 年、2003 年年径流量偏丰，1987 年、1993—1994 年、1996—1999 年、2001—2002 年、2004 年、2006—2014 年年径流量偏枯。

从图 4.15（d）可知，两个流域代表水文站 20 世纪 80 年代年径流量正常偏丰，1990—2014 年正常偏枯，牛谷河流域代表水文站 2010—2014 年年径流量急剧减少，明显枯水。

2. 泾河流域

绘制蔡家庙沟流域蔡家庙、大路河流域窑峰头、石堡子河流域华亭 3 个代表水文站年径流量过程线图、模比系数图、历年丰枯变化图、年代丰枯变化图（图 4.16）。

从图 4.16（a）可知，蔡家庙沟、大路河、石堡子河三个小流域代表水文站年径流量趋势方程系数分别为 $-1.19 \times 10^4 \mathrm{m}^3/\mathrm{a}$、$-21.0 \times 10^4 \mathrm{m}^3/\mathrm{a}$、$-58.6 \times 10^4 \mathrm{m}^3/\mathrm{a}$，且均为负数，说明年径流量总体呈平稳下降趋势，除蔡家庙沟流域代表水文站趋势变化不显著外，其余流域代表水文站趋势变化比较显著。

从图 4.16 （b） 可知，大路河流域代表水文站年径流量以 1996 年为界可划分为两个阶段，之前年径流量呈增加趋势，之后呈减少趋势；石堡子河流域代表水文站年径流量以 1990 年、2009 年为界可划分为三个阶段，1990 年之前呈

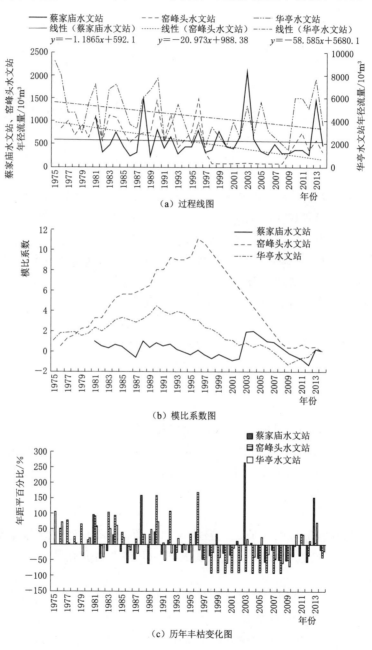

（a）过程线图

（b）模比系数图

（c）历年丰枯变化图

图 4.16（一）　泾河流域代表水文站年径流量年际变化分析图

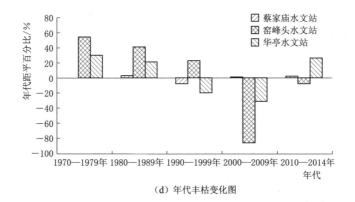

（d）年代丰枯变化图

图4.16（二）　泾河流域代表水文站年径流量年际变化分析图

增加趋势，1991—2009年呈减少趋势，2010年之后呈增加趋势；蔡家庙沟流域代表水文站年径流量以2001年、2004年、2012年为界可划分为四个阶段，2001年之前呈减少趋势，2001—2004年呈增加趋势，2004—2012年呈减少趋势，2013年之后呈增加趋势。

从图4.16（c）可知，蔡家庙沟流域代表水文站1981年、1984年、1988年、1990年、1996年、1999年、2003年、2013年年径流量偏丰，1982年、1985—1987年、1989年、1991年、1993—1995年、1997—1998年、2000—2001年、2005—2006年、2008—2012年年径流量偏枯；大路河流域代表水文站1976—1979年、1981年、1983—1985年、1988—1990年、1992年、1995—1996年、2011年年径流量偏丰，1993年、1997—2009年、2012年、2014年年径流量偏枯；石堡子河流域代表水文站1975—1976年、1980—1981年、1983—1985年、1988—1990年、1993年、2005年、2010—2011年、2013年年径流量偏丰，1979年、1982年、1987年、1991—1992年、1995年、1997—2000年、2002年、2004年、2006—2009年年径流量偏枯。

从图4.16（d）可知，蔡家庙沟流域代表水文站年径流量正常；大路河流域代表水文站年径流量20世纪70—90年代正常偏丰，2000—2014年偏枯；石堡子河流域代表水文站年径流量20世纪70—80年代、2010—2014年偏丰，1990—2009年偏枯。

3. 洮河流域

绘制漫坝河流域王家磨、东峪沟流域尧甸、苏家集河流域康乐3个代表水文站年径流量过程线图、模比系数图、历年丰枯变化图、年代丰枯变化图（图4.17）。

从图4.17（a）可知，漫坝河、东峪沟、苏家集河三个小流域代表水文站年径流量趋势方程系数分别为$-47.8\times10^4\,\mathrm{m}^3/\mathrm{a}$、$-23.6\times10^4\,\mathrm{m}^3/\mathrm{a}$、$5.1\times10^4\,\mathrm{m}^3/\mathrm{a}$，

其中王家磨水文站、尧甸水文站均为负数,说明年径流量总体呈平稳减少趋势,且趋势变化比较显著;康乐水文站为正数,说明年径流量总体呈平稳增加趋势,但趋势变化不显著。

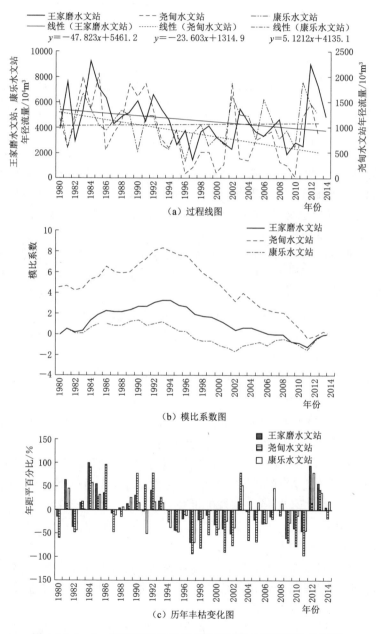

图 4.17(一) 洮河流域代表水文站年径流量年际变化分析图

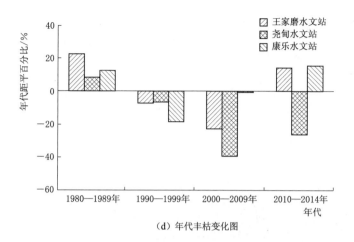

（d）年代丰枯变化图

图 4.17（二） 洮河流域代表水文站年径流量年际变化分析图

从图 4.17（b）可知，漫坝河流域代表水文站年径流量以 1994 年为分界点划分为两个阶段，1994 年之前总体呈增加趋势，1994 年之后呈减少趋势；东峪沟流域代表水文站年径流量以 1993 年为分界点划分为两个阶段，1993 年之前总体呈增加趋势，1993 年之后呈减少趋势；苏家集河流域代表水文站年径流量以1990 年、2002 年、2008 年、2011 年为分界点划分为五个阶段，1990 年以前呈增加趋势，1991—2002 年总体呈减少趋势，2003—2008 年呈增加趋势，2009—2011 年呈减少趋势，此后呈增加趋势。

从图 4.17（c）可知，漫坝河流域代表水文站 1981 年、1984—1986 年、1990 年、1992 年、2012—2013 年年径流量偏丰，1982 年、1995 年、1997—1998 年、2000—2002 年、2005—2006 年、2009—2011 年年径流量偏枯；东峪沟流域代表水文站 1984—1986 年、1990—1993 年、2003 年、2013 年年径流量偏丰，1980 年、1982 年、1987 年、1994—1995 年、1997—2002 年、2004—2006 年、2009—2011 年年径流量偏枯；苏家集河流域代表水文站 1981 年、1984—1985 年、1989 年、2003 年、2007 年、2012—2013 年年径流量偏丰，1982 年、1991 年、1994—1995 年、1997 年、2000—2002 年、2006 年、2009年、2011 年年径流量偏枯。

从图 4.17（d）可知，漫坝河流域代表水文站 20 世纪 80 年代、2010—2014年年径流量正常偏丰，1990—2009 年年径流量正常偏枯；东峪沟流域代表水文站 20 世纪 80 年代年径流量正常偏丰，1990—2014 年年径流量正常偏枯；苏家集河流域代表水文站 20 世纪 80 年代、2010—2014 年年径流量正常偏丰，1990—2009 年年径流量正常偏枯。

4. 嘉陵江流域

绘制罗家河流域徽县、岸门口河流域康县、北峪河流域马街 3 个代表水文站年径流量过程线图、模比系数图、历年丰枯变化图、年代丰枯变化图（图 4.18）。

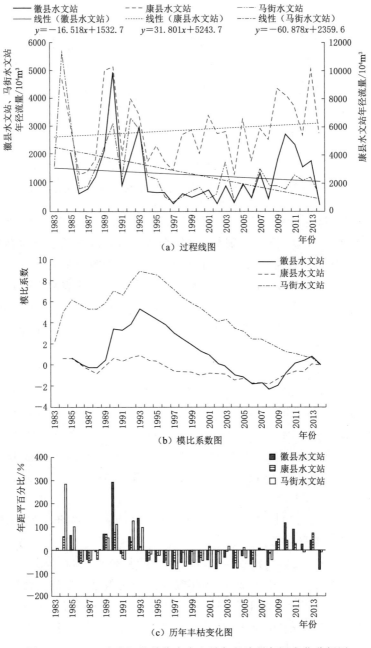

图 4.18（一）　嘉陵江流域代表水文站年径流量年际变化分析图

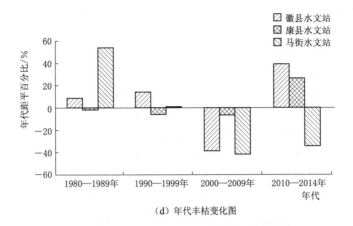

（d）年代丰枯变化图

图 4.18（二）　嘉陵江流域代表水文站年径流量年际变化分析图

从图 4.18（a）可知，罗家河、北峪河两个小流域代表水文站年径流量趋势方程系数分别为 $-16.5 \times 10^4 \, \text{m}^3/\text{a}$、$-60.9 \times 10^4 \, \text{m}^3/\text{a}$，均为负数，说明年径流量总体呈平稳减少趋势；岸门口河小流域代表水文站年径流量趋势方程系数为 $31.8 \times 10^4 \, \text{m}^3/\text{a}$，为正数，说明年径流量总体呈增加趋势，岸门口河、北峪河两个小流域代表水文站的趋势变化比较显著。

从图 4.18（b）可知，罗家河流域代表水文站年径流量以 1993 年、2008 年为界可划分为三个阶段，1993 年以前年径流量总体呈增加趋势，1994—2008 年年径流量呈减少趋势，2009 年以后呈增加趋势；岸门口河流域代表水文站年径流量以 1990 年、2008 年为界可划分为三个阶段，1990 年以前年径流量总体呈增加趋势，1991—2008 年年径流量呈减少趋势，2009 年以后呈增加趋势；北峪河流域代表水文站年径流量以 1993 年为界可划分为两个阶段，1993 年以前年径流量总体呈增加趋势，1994 年以后年径流量呈减少趋势。

从图 4.18（c）可知，罗家河流域代表水文站 1985 年、1989 年、1990 年、1992 年、1993 年、2009—2013 年年径流量偏丰，1986 年、1987 年、1994—2006 年、2008 年、2014 年年径流量偏枯；岸门口河流域代表水文站 1984 年、1989—1990 年、1992 年、2009—2011、2013 年年径流量偏丰，1986—1988 年、1991 年、1994 年、1996—1997 年、2000 年、2004 年、2006 年年径流量偏枯；北峪河流域代表水文站 1984—1985 年、1989—1990 年、1992 年、1993 年年径流量偏丰，1986—1987 年、1991 年、1995—2002 年、2004—2006 年、2008—2010 年、2012 年、2014 年年径流量偏枯。

从图 4.18（d）可知，罗家河流域代表水文站 20 世纪 80—90 年代年径流量正常，2000—2009 年年径流量正常偏枯，2010—2014 年年径流量正常偏丰；岸门口河流域代表水文站各年代年径流量均正常，2010—2014 年年径流量正常偏丰；北峪河流域代表水文站 20 世纪 80 年代年径流量偏丰，90 年代年径流量正常，2000—2014 年年径流量偏枯。

5. 内陆河流域

绘制峡门河流域哈溪、大堵麻河流域瓦房城水库 2 个代表水文站年径流量过程线图、模比系数图、历年丰枯变化图、年代丰枯变化图（图 4.19）。

从图 4.19（a）可知，峡门河流域代表水文站年径流量趋势方程系数为 $-42.5 \times 10^4 \, \mathrm{m^3/a}$，为负数，说明年径流量总体呈平稳减少趋势，变化不显著；大堵麻河流域代表水文站年径流量趋势方程系数为 $75.6 \times 10^4 \, \mathrm{m^3/a}$，为正数，说明年径流量总体呈显著增加趋势。

从图 4.19（b）可知，峡门河流域哈溪水文站年径流量 1994 年以前呈增长趋势，1995—2002 年呈减少趋势，2003 年以后呈平稳变化趋势；大堵麻河流域代表水文站年径流量 2001 年以前呈减少趋势，此后呈增长趋势。

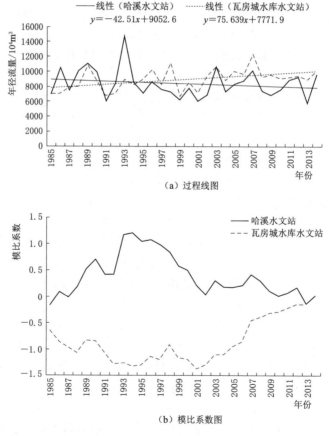

（a）过程线图

（b）模比系数图

图 4.19（一） 内陆河流域代表水文站年径流量年际变化分析图

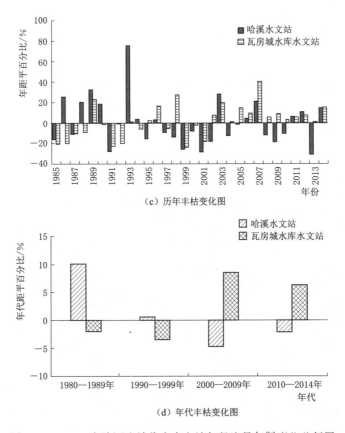

（c）历年丰枯变化图

（d）年代丰枯变化图

图 4.19（二） 内陆河流域代表水文站年径流量年际变化分析图

从图 4.19（c）可知，峡门河流域代表水文站 1986 年、1988—1989 年、1993 年、2003 年、2007 年年径流量偏丰，1991 年、1999 年、2001 年、2013 年年径流量偏枯；大堵麻河流域代表水文站 1989 年、1998 年、2007 年年径流量偏丰，1985—1986 年、1991—1992 年、1999 年年径流量偏枯。

从图 4.19（d）可知，两个小流域代表水文站年径流量年代丰枯均在正常值范围内，峡门河流域代表水文站 20 世纪 80 年代年径流量偏丰，2000—2014 年年径流量略偏枯；大堵麻河流域代表水文站 20 世纪 80—90 年代年径流量正常略偏枯，2000—2014 年年径流量正常略偏丰。

4.2.3 年输沙量

1. 渭河流域

绘制清源河流域渭源、牛谷河流域何家坡 2 个代表水文站年输沙量过程线图、模比系数图、历年丰枯变化图、年代丰枯变化图（图 4.20）。

从图 4.20（a）可知，清源河、牛谷河两个小流域代表水文站年输沙量趋势方程系数为 $-3.57\times10^{4}\text{t/a}$、$-17.5\times10^{4}\text{t/a}$，均为负数，说明年输沙量总体呈减少趋势，且下降趋势显著。

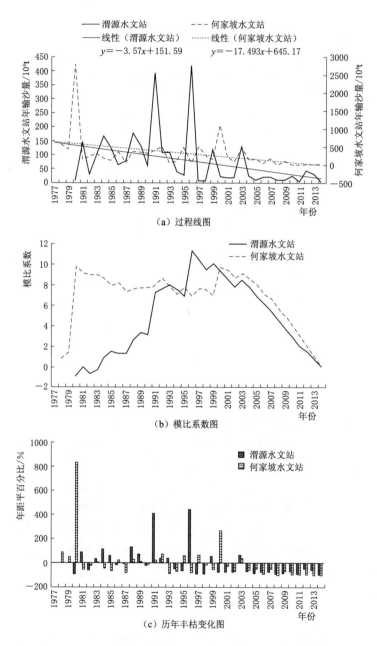

图 4.20（一）　渭河流域代表水文站年输沙量年际变化分析图

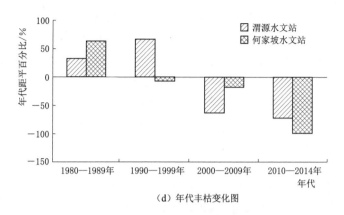

(d) 年代丰枯变化图

图 4.20（二）　渭河流域代表水文站年输沙量年际变化分析图

从图 4.20（b）可知，清源河流域代表水文站年输沙量以 1996 年为分界点可划分为两个阶段，1996 年以前年输沙量呈增加趋势，之后年输沙量呈减少趋势；牛谷河流域代表水文站年输沙量以 1980 年和 2000 年为分界点，1980 年以前呈增加趋势，1980—2000 年期间平稳波动，2000 年以后呈减少趋势。

从图 4.20（c）可知，清源河流域代表水文站 1981 年、1983—1985 年、1988—1989 年、1991—1993 年、1996 年、1999 年、2003 年年输沙量偏多，1980 年、1982 年、1990 年、1994 年、1995 年、1997 年、1998 年、2000—2002 年、2004—2014 年年输沙量偏少；牛谷河流域代表水文站 1978—1980 年、1986 年、1988 年、1991—1992 年、1995 年、1997 年、2000 年、2003 年年输沙量偏多，1981—1982 年、1984—1985 年、1987 年、1993—1994 年、1996 年、1999 年、2001—2002 年、2004—2014 年年输沙量偏少。

从图 4.20（d）可知，清源河流域代表水文站 20 世纪 80—90 年代年输沙量偏多，2000—2014 年年输沙量偏少；牛谷河流域代表水文站 20 世纪 80 年代年输沙量偏多，其余年代年输沙量偏少。

2. 泾河流域

绘制蔡家庙沟流域蔡家庙、大路河流域窑峰头、石堡子河流域华亭 3 个代表水文站年输沙量过程线图、模比系数图、历年丰枯变化图、年代丰枯变化图（图 4.21）。

从图 4.21（a）可知，蔡家庙沟流域代表水文站年输沙量趋势方程系数为 2.08×10^4 t/a，为正数，说明年输沙量趋势变化呈平稳状态；大路河、石堡子河两个小流域代表水文站年输沙量趋势方程系数为 -50.4×10^4 t/a、-9.2×10^4 t/a，均为负数，说明年输沙量总体呈平稳下降趋势，且趋势变化显著。

从图 4.21（b）可知，蔡家庙沟流域代表水文站年输沙量以 2001 年、2004

年、2012 年为界可划分为四个阶段，2001 年之前变化稳定，2001—2004 年呈增加趋势，2004—2012 年呈减少趋势，2013 年之后呈增加趋势；大路河流域代表水文站年输沙量以 1996 年为界划分为两个阶段，1996 之前呈增加趋势，之后呈减少趋势；石堡子河流域代表水文站年输沙量以 1993 年为界可划分为两个阶段，1993 年之前呈增加趋势，之后呈减少趋势。

从图 4.21（c）可知，蔡家庙沟流域代表水文站 1984 年、1988 年、1990 年、1996 年、1999 年、2002—2004 年、2013 年年输沙量偏多，1982—1983 年、1985—1987 年、1989 年、1991 年、1993—1995 年、1997—1998 年、2000 年、2001 年、2005—2012 年、2014 年年输沙量偏少；大路河流域代表水文站 1979—1981 年、1983—1984 年、1990 年、1992 年、1995—1996 年年输沙量偏多，1982 年、1986—1988 年、1991 年、1993—1994 年、1997 年、1999—2000 年、2004 年、2007—2014 年年输沙量偏少；石堡子河流域代表水文站 1978—1983 年、1986 年、1990—1991 年、1993 年、2005 年、2010 年、2013 年年输沙

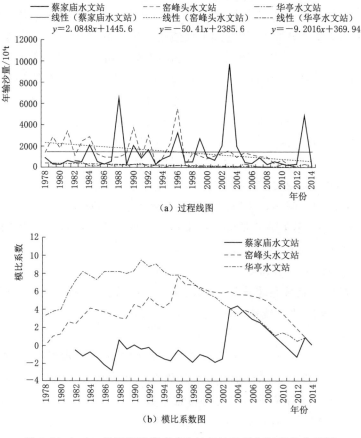

（a）过程线图

（b）模比系数图

图 4.21（一） 泾河流域代表水文站年输沙量年际变化分析图

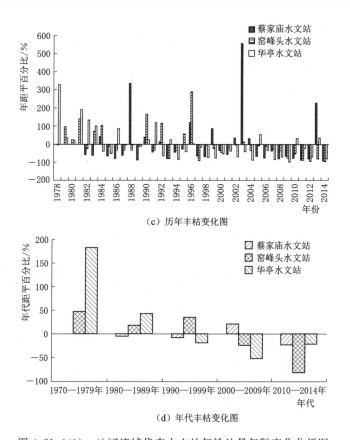

（c）历年丰枯变化图

（d）年代丰枯变化图

图 4.21（二）　泾河流域代表水文站年输沙量年际变化分析图

量偏多，1984—1985 年、1992 年、1994—1995 年、1998—2004 年、2006—2009 年、2011—2012 年、2014 年年输沙量偏少。

　　从图 4.21（d）可知，蔡家庙沟流域代表水文站 20 世纪 80—90 年代年输沙量正常，2000—2009 年年输沙量偏多，2010—2014 年年输沙量偏少；大路河流域代表水文站 20 世纪 70—90 年代年输沙量偏多，2000—2014 年年输沙量偏少；石堡子河流域代表水文站 20 世纪 70—80 年代年输沙量偏多，1990—2014 年年输沙量偏少。

　　3. 洮河流域

　　漫坝河王家磨水文站泥沙资料不足 10 年，不满足分析条件。绘制东峪沟流域尧甸、苏家集河流域康乐两个代表水文站年输沙量过程线图、模比系数图、历年丰枯变化图、年代丰枯变化图（图 4.22）。

　　从图 4.22（a）可知，东峪沟、苏家集河两个小流域代表水文站年输沙量趋势方程系数分别为 $-43.4 \times 10^4 t/a$、$-5.4 \times 10^4 t/a$，均为负数，说明年输沙量总体呈平稳减少趋势，且趋势变化比较显著。

从图 4.22（b）可知，东峪沟流域代表水文站年输沙量以 1996 年为分界点划分为两个阶段，1996 年之前总体呈增加趋势，之后呈减少趋势；苏家集河流

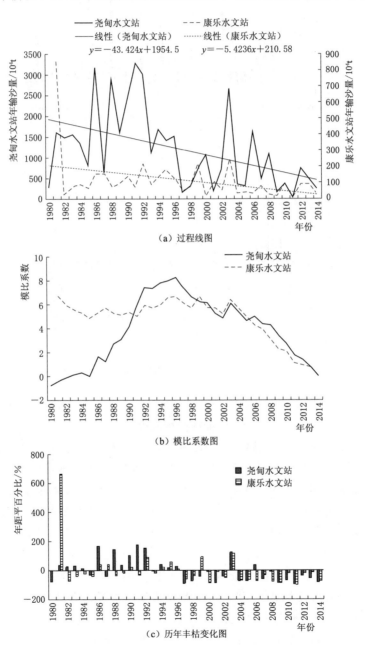

图 4.22（一）　洮河流域代表水文站年输沙量年际变化分析图

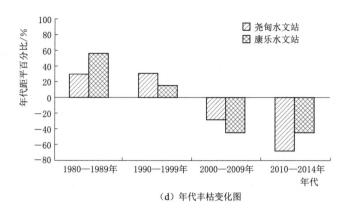

（d）年代丰枯变化图

图4.22（二）　洮河流域代表水文站年输沙量年际变化分析图

域代表水文站年输沙量以2003年为分界点划分为两个阶段，2003年之前输沙量变化稳定，之后输沙量呈减少趋势。

从图4.22（c）可知，东峪沟流域代表水文站1981—1983年、1986年、1988—1992年、1994年、1996年、2003年、2006年年输沙量偏多，1980、1985年、1987年、1997—1999年、2001年、2002年、2004年、2005年、2007年、2009—2014年年输沙量偏少；苏家集河流域代表水文站1981年、1986年、1987年、1990年、1992年、1994年、1995年、1999年、2003年年输沙量偏多，1982—1985年、1988年、1991年、1993年、1997年、1998年、2000年、2002年、2004—2011年、2014年年输沙量偏少。

从图4.22（d）可知，东峪沟流域代表水文站20世纪80—90年代年输沙量偏多，2000—2014年年输沙量偏少；苏家集河流域代表水文站年输沙量变化情况跟东峪沟流域情况相同。

4. 嘉陵江流域

绘制罗家河流域徽县、岸门口河流域康县、北峪河流域马街3个代表水文站年输沙量过程线图、模比系数图、历年丰枯变化图、年代丰枯变化图（图4.23）。

从图4.23（a）可知，罗家河、北峪河两个小流域代表水文站年输沙量趋势方程系数分别为-1.21×10^4t/a、-59.5×10^4t/a，均为负数，说明年输沙量总体呈减少趋势，且北峪河趋势变化显著；岸门口河小流域代表水文站年输沙量趋势方程系数为4.57×10^4t/a，为正数，说明年输沙量呈增加趋势，且趋势变化显著。

从图4.23（b）可知，罗家河流域代表水文站年输沙量以1996年为界可划分为两个阶段，1996年以前呈增加趋势，之后呈减少趋势；岸门口河流域代表水文站年输沙量以 1990 年、2008 年为界可划分为三个阶段，1990 年以前总体呈增加趋势，1991—2008 年呈减少趋势，2009 年以后呈增加趋势；北峪河流域代表水文站年输沙量以 1995 年为界可划分为两个阶段，1995 年以前总体呈增加趋势，之后呈减少趋势。

从图 4.23（c）可知，罗家河流域代表水文站 1990 年、1992 年、1993 年、1996 年、2010 年、2013 年年输沙量偏多，1986—1988 年、1991 年、1994—1995 年、1997—2008 年、2012 年、2014 年年输沙量偏少；岸门口河流域代表水文站 1988—1990 年、1998 年、2009 年、2010 年、2013 年年输沙量偏多，1986—1987 年、1991 年、1993—1997 年、1999—2008 年、2011 年、2012 年、2014 年年输沙量偏少；北峪河流域代表水文站 1984 年、1985 年、1987 年、1988 年、1990 年、1992 年、1995 年、2003 年年输沙量偏多，1983 年、1991 年、

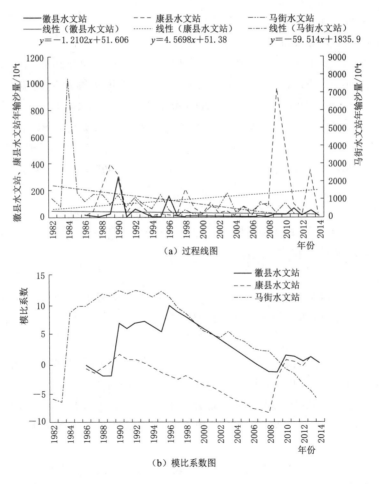

图 4.23（一）　嘉陵江流域代表水文站年输沙量年际变化分析图

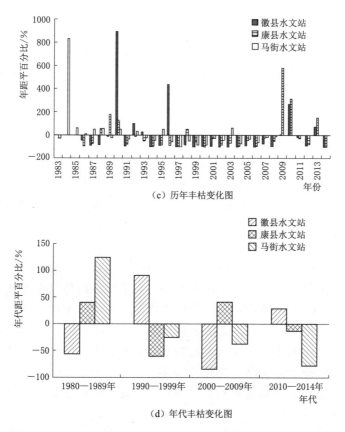

（c）历年丰枯变化图

（d）年代丰枯变化图

图4.23（二）　嘉陵江流域代表水文站年输沙量年际变化分析图

1993—1994年、1996—2002年、2004—2006年、2009—2014年年输沙量偏少。

从图4.23（d）可知，罗家河流域代表水文站20世纪80年代、2000—2009年年输沙量偏少，20世纪90年代、2010—2014年年输沙量偏多；岸门口河流域代表水文站20世纪80年代、2000—2009年年输沙量偏多，20世纪90年代、2010—2014年年输沙量偏少；北峪河流域代表水文站20世纪80年代年输沙量偏多，1990—2014年年输沙量偏少。

5．内陆河流域

内陆河流域两个小流域未开展泥沙测验，无相关系列资料，不做分析。

4.3　本　章　结　论

4.3.1　年内变化规律

对各小流域代表水文站降水量、径流量、输沙量月分配百分比、基尼系数、集中度与集中期进行分析，结果表明：各代表水文站水沙年内分配不均，主要集中在汛期，其中 5 个月降水量占全年的 77.2%～81.7%，连续 5 个月径流量占全年的 66.4%～86.1%，连续 5 个月输沙量占全年的 94.4%～99.5%。最大月降水量、最大月径流量、最大月输沙量均发生在 7—9 月，最大月降水量占全年的 18.2%～22.0%，最大月径流量占全年的 15.2%～27.1%，最大月输沙量占全年的 27.2%～46.4%。

4.3.2　年际变化规律

对各小流域代表水文站年降水量、年径流量、年输沙量过程线、模比系数、历年丰枯变化、年代丰枯变化对比分析，结果表明：各代表水文站年降水量趋势方程系数为 -27.2～21.3mm/10a，清源河、牛谷河、漫坝河、东峪沟、北峪河、峡门河年降水量呈减少趋势，其余流域年降水量呈增加趋势，但趋势变化不显著；各代表水文站年径流量趋势方程系数为 -60.9×10^4～$75.6 \times 10^4 \mathrm{m}^3/\mathrm{a}$，苏家集河、大堵麻河、岸门口河年径流量呈增加趋势，其余流域年径流量均呈减少趋势，且趋势变化显著；各代表水文站年输沙量趋势方程系数为 -59.5×10^4～$4.57 \times 10^4 \mathrm{t}/\mathrm{a}$，除蔡家庙沟、岸门口河年输沙量呈增加趋势，其余流域年输沙量均呈减少趋势，且趋势变化显著；各代表水文站在 2000 年以前，年降水量、年径流量、年输沙量年际变化趋势基本同步，表现为年降水量偏丰的情况下，年径流量也偏丰，年输沙量相应偏多，反之亦然；2000 年以后年降水量、年径流量、年输沙量年际变化趋势不同步，表现为年降水量偏丰的情况下，年径流量和年输沙量呈丰水减沙、枯水增沙等交替效应。

第 5 章

暴雨洪水特性及模拟

5.1 暴 雨 特 性

5.1.1 空间分布

统计各小流域雨量站不同时段多年平均最大暴雨量,见表5.1。各时段暴雨量最大值主要分布在泾河流域的华亭水文站、嘉陵江流域的徽县水文站、康县水文站,最小值主要分布在内陆河流域的哈溪水文站、瓦房城水库水文站。10min暴雨量最大值出现在泾河流域的华亭水文站,20min、360min、540min、720min、1440min暴雨量最大值出现在嘉陵江流域的康县水文站,30min、45min、60min、90min、120min、180min、240min暴雨量最大值出现在嘉陵江流域的徽县水文站。10min、20min、30min、45min、60min暴雨量最小值出现在内陆河流域的瓦房城水库水文站,90min、120min、180min、240min、360min、540min、720min、1440min暴雨量最小值出现在内陆河流域的哈溪水文站。

5.1.2 时程分布

各小流域代表水文站最大暴雨年内分布主要集中在汛期7—8月。

主要代表水文站各时段最大暴雨量历年变化见图5.1,历年变化趋势方程见表5.2。从表5.2中拟合趋势方程的系数可以看出最大暴雨量历年的增减趋势。泾河流域的窑峰头水文站、洮河流域的康乐水文站各时段最大暴雨量历年均呈增加趋势,其他水文站各时段最大暴雨量有增有减,增减幅度在$-0.9997 \sim 0.843$mm/a之间。统计各时段最大暴雨量增加的站点占全部站点的比例,45min、60min、120min、240min、360min最大暴雨量增加的站占80%以上,30min、90min、180min最大暴雨量增加的站占70%~80%,10min、20min、540min、720min、1440min最大暴雨量增加的站占50%~62.5%。可见中间时段的最大暴雨量增加的站较多。

表 5.1　各代表水文站不同时段最大暴雨量统计表

单位：mm

流域	水系	河流	测站名称	时段/min												
				10	20	30	45	60	90	120	180	240	360	540	720	1440
黄河	渭河	清源河	渭源水站	9.7	—	17.6	—	22.8	—	—	33.2	—	38.8	—	—	48.0
		牛谷河	何家坡水文站	9.2	—	14.3	—	16.9	—	—	24.2	—	29.3	—	—	38.9
		蔡家庙沟	蔡家庙水文站	9.8	15.1	18.4	21.0	22.7	24.8	27.3	32.0	35.9	41.9	47.0	51.2	63.0
	泾河	大路河	窑峰头水文站	11.1	15.7	17.7	19.4	20.3	22.4	24.8	28.6	31.9	37.8	42.2	47.4	55.9
		石堡子河	华亭水文站	11.6	16.0	18.3	20.0	22.1	24.7	26.8	30.8	33.6	39.7	45.3	50.1	62.4
	洮河	东峪沟	尧甸水文站	10.9	15.3	17.7	20.3	22.4	25.3	27.2	30.6	33.4	37.0	39.2	40.5	44.6
		苏家集河	康乐水文站	9.3	14.7	17.1	19.6	20.7	25.8	27.7	32.9	29.0	38.3	31.4	31.4	37.7
长江	嘉陵江	罗家河	徽县水文站	10.5	16.5	20.5	24.1	27.2	31.5	34.3	38.8	42.9	48.4	54.8	57.7	66.5
		岸门口河	康县水文站	9.8	19.0	18.2	21.7	24.3	28.1	31.5	37.1	42.2	49.5	55.5	61.5	75.0
		北峪河	马街水文站	9.3	13.9	16.6	19.1	21.2	23.3	24.9	27.2	28.5	30.9	33.7	35.2	38.6
内陆河	石羊河	峡门河	哈溪水文站	6.7	9.1	10.5	11.8	12.9	14.5	15.8	17.9	19.9	22.5	26.1	28.3	32.9
	黑河	大堵麻河	瓦房城水库水文站	6.0	8.7	10.3	11.5	12.4	16.4	19.9	25.5	29.6	25.4	30.3	32.5	39.6

表 5.2　各代表水文站不同时段最大暴雨量历年变化趋势方程

测站名称	时段/min						
	10	20	30	45	60	90	120
渭源水文站	$y=0.0168x+9.3705$	—	$y=0.0274x+17.132$	—	$y=-0.0336x+23.429$	—	—
何家坡水文站	$y=0.0168x+8.8128$	—	$y=0.1925x+10.244$	—	$y=0.3093x+10.45$	—	—
蔡家庙水文站	$y=0.0472x+8.9839$	$y=0.1567x+12.328$	$y=0.1955x+14.943$	$y=0.1918x+17.689$	$y=0.1886x+19.443$	$y=0.1552x+22.093$	$y=0.1714x+24.265$
窑峰头水文站	$y=0.139x+9.1613$	$y=0.3466x+10.825$	$y=0.329x+13.048$	$y=0.2962x+15.272$	$y=0.3029x+16.019$	$y=0.3405x+17.618$	$y=0.4001x+19.166$
华亭水文站	$y=-0.0801x+13.132$	$y=-0.0841x+17.664$	$y=-0.1153x+20.361$	$y=-0.1028x+22.566$	$y=-0.1111x+24.291$	$y=-0.0557x+25.808$	$y=0.0287x+26.281$
尧甸水文站	$y=0.0493x+9.9467$	$y=0.0942x+13.388$	$y=0.0351x+16.02$	$y=0.0788x+18.745$	$y=0.0424x+21.524$	$y=-0.0575x+26.416$	$y=-0.1027x+29.285$
康乐水文站	$y=0.0136x+9.3032$	$y=0.0538x+13.279$	$y=0.086x+15.731$	$y=0.1238x+17.665$	$y=0.1463x+19.281$	$y=0.1991x+21.581$	$y=0.2168x+23.87$
徽县水文站	$y=-0.046x+11.21$	$y=-0.071*x+17.498$	$y=-0.0221x+20.813$	$y=0.0611x+23.261$	$y=0.0538x+26.394$	$y=0.1646x+29.075$	$y=0.2033x+31.363$
康县水文站	$y=-0.0853x+11.038$	$y=-0.9997x+33.967$	$y=-0.0658x+19.017$	$y=0.0032x+21.445$	$y=0.0369x+23.629$	$y=0.1709x+25.501$	$y=0.2282x+27.966$
马街水文站	$y=-0.023x+9.7335$	$y=-0.0192x+14.286$	$y=-0.0032x+16.494$	$y=0.0052x+19.025$	$y=0.0084x+21.041$	$y=0.0142x+23.013$	$y=0.0101x+24.746$

时段/min

测站名称	180	240	360	540	720	1440
渭源水文站	$y=-0.1875x+36.458$	—	$y=-0.1347x+41.164$	—	—	$y=-0.2468x+52.281$
何家坡水文站	$y=0.3573x+16.68$	—	$y=0.0278x+28.772$	—	—	$y=-0.193x+42.47$
蔡家庙水文站	$y=0.1564x+29.263$	$y=0.0845x+34.434$	$y=0.0287x+41.386$	$y=-0.0435x+47.8$	$y=-0.1663x+54.082$	$y=-0.1385x+65.43$
窑峰头水文站	$y=0.3504x+23.672$	$y=0.551x+22.794$	$y=0.2347x+34.492$	$y=0.843x+28.245$	$y=0.2106x+44.448$	$y=0.0267x+55.537$
华亭水文站	$y=0.0453x+29.949$	$y=0.1549x+30.239$	$y=0.1072x+37.614$	$y=0.4394x+35.857$	$y=0.3017x+44.261$	$y=0.5015x+52.596$
尧甸水文站	$y=-0.1187x+32.952$	$y=-0.1616x+36.593$	$y=-0.1183x+39.382$	$y=-0.0564x+40.286$	$y=-0.0109x+40.675$	$y=0.0347x+43.87$
康乐水文站	$y=0.2585x+26.914$	$y=0.2974x+29.427$	$y=0.283x+33.306$	$y=0.3236x+35.593$	$y=0.3709x+36.645$	$y=0.3931x+39.712$
徽县水文站	$y=0.3207x+34.185$	$y=0.3554x+37.79$	$y=0.2271x+44.837$	$y=0.6281x+45.656$	$y=0.4837x+50.236$	$y=0.4921x+58.849$
康县水文站	$y=0.2934x+32.591$	$y=0.3161x+37.21$	$y=0.3206x+44.535$	$y=0.5145x+47.82$	$y=0.5368x+53.403$	$y=0.6758x+64.146$
马街水文站	$y=-0.0151x+27.467$	$y=0.0005x+28.446$	$y=0.0148x+30.636$	$y=-0.0542x+34.821$	$y=-0.0986x+37.166$	$y=-0.1401x+41.384$

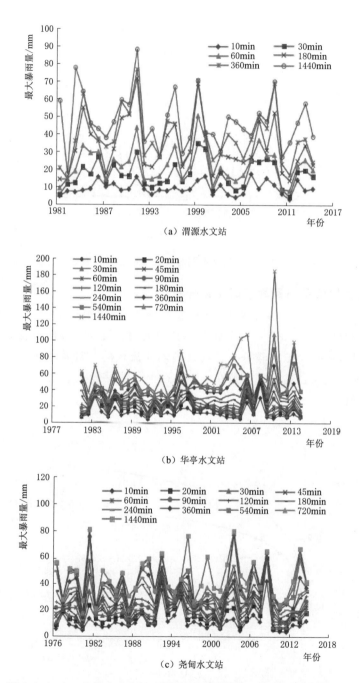

（a）渭源水文站

（b）华亭水文站

（c）尧甸水文站

图 5.1（一）　各代表水文站不同时段最大暴雨量历年变化过程线图

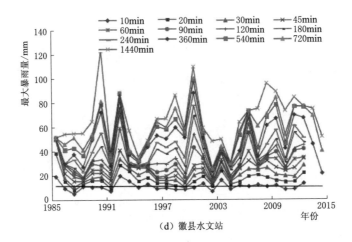

（d）徽县水文站

图 5.1（二） 各代表水文站不同时段最大暴雨量历年变化过程线图

5.1.3 最大暴雨量与暴雨历时关系分析

点绘各代表水文站多年平均最大暴雨量 P 随暴雨历时 T 变化曲线（图 5.2），分别拟合 $P=f(T)$ 关系曲线，其中渭河、洮河、嘉陵江流域的 7 处代表水文站以对数曲线拟合较好，泾河、内陆河流域的 5 处代表水文站以指数曲线拟合较好。拟合公式相关系数在 0.956 以上，可见最大暴雨量 P 与暴雨历时 T 相关关系较好。

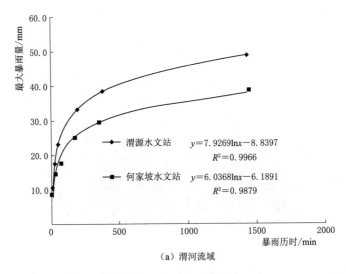

（a）渭河流域

图 5.2（一） 各代表水文站多年平均最大暴雨量随暴雨历时变化曲线图

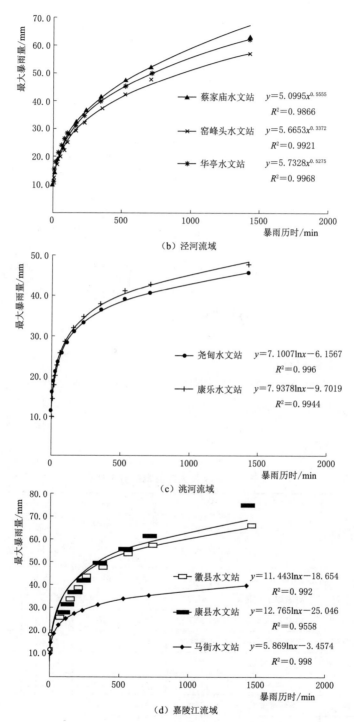

（b）泾河流域

（c）洮河流域

（d）嘉陵江流域

图 5.2（二）　各代表水文站多年平均最大暴雨量随暴雨历时变化曲线图

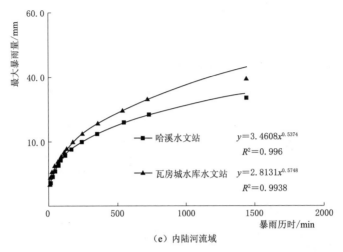

（e）内陆河流域

图 5.2（三）　各代表水文站多年平均最大暴雨量随暴雨历时变化曲线图

5.2　洪　水　特　性

5.2.1　最大流量特征值

统计各代表水文站年最大流量特征值（表 5.3），可知石堡子河、罗家河流量极值比变化最大，峡门河流量极值比最小，仅为 2.5。苏家集河、东峪沟、北峪河、大路河流量极值比分布在 28.8～97.9 之间，其余河流极值比则在 108.9～641.7 之间。

表 5.3　　　　　　　　　代表水文站年最大流量特征值统计表

流域	河流	测站名称	特　征　值					
			多年平均值 $\overline{Q}/(\mathrm{m^3/s})$	最大值 $Q_{\max}$ $/(\mathrm{m^3/s})$	最小值 $Q_{\min}$ $/(\mathrm{m^3/s})$	极值比 $Q_{\max}/Q_{\min}$	C_v	C_s/C_v
渭河	清源河	渭源水文站	25.6	164	1.15	142.6	1.4	3.5
	牛谷河	何家坡水文站	62.9	351	0.547	641.7	1.4	3.5
泾河	蔡家庙沟	蔡家庙水文站	170	2080	15.5	134.2	—	—
	大路河	窑峰头水文站	114	605	6.18	97.9	—	—
	石堡子河	华亭水文站	75.7	280	0.054	5185.2	1.2	3.5
洮河	漫坝河	王家磨水文站	106	540	4.62	116.9	1.43	3.5
	东峪沟	尧甸水文站	150	398	12.7	31.3	1.0	3.0
	苏家集河	康乐水文站	39.8	165	5.73	28.8	1.2	3.5

续表

流域	河流	测站名称	特　征　值					
			多年平均值 $\overline{Q}/(\mathrm{m}^3/\mathrm{s})$	最大值 $Q_{\max}$ $/(\mathrm{m}^3/\mathrm{s})$	最小值 $Q_{\min}$ $/(\mathrm{m}^3/\mathrm{s})$	极值比 $Q_{\max}/Q_{\min}$	C_v	C_s/C_v
嘉陵江	罗家河	徽县水文站	52.1	495	0.38	1302.6	—	—
	岸门口河	康县水文站	152	1030	9.46	108.9	—	—
	北峪河	马街水文站	89.8	297	9.42	31.5	1.1	3.5
石羊河	峡门河	哈溪水文站	28.5	47.8	19.1	2.5	—	—
黑河	大堵麻河	瓦房城水库水文站	25.6	164	1.15	142.6	—	—

注　C_v—变差系数；C_s—偏态系数。

5.2.2　洪水时程分布

流域洪水与暴雨相应，主要发生在汛期。

点绘代表水文站历年最大流量变化过程线，见图 5.3，可以看出，渭源水文站、华亭水文站、王家磨水文站、尧甸水文站、康乐水文站、马街水文站的年最大流量总体呈减小的趋势，何家坡水文站、蔡家庙水文站、窑峰头水文站、徽县水文站、康县水文站的年最大流量总体呈增加的趋势。

5.2.3　洪水频率分析

采用 Pearson-Ⅲ型适线法对代表水文站年最大流量序列进行频率分析，$\overline{Q}$、C_v、C_s 见表 5.3，不同重现期的洪水流量见表 5.4。

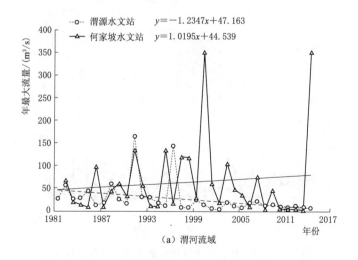

（a）渭河流域

图 5.3（一）　代表水文站历年最大流量变化过程线图

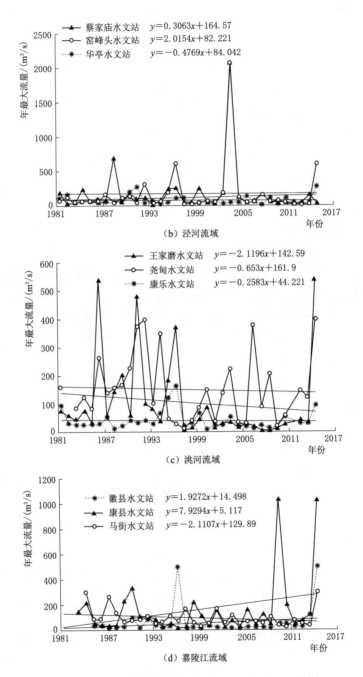

图 5.3（二） 代表水文站历年最大流量变化过程线图

表 5.4　　　　　　　代表水文站不同重现期洪水流量计算成果表　　　　单位：m^3/s

流域	河流	测站名称	重现期/年						
			5	10	20	50	100	500	1000
渭河	清源河	渭源水文站	28.2	54.8	89.6	144	189	301	352
	牛谷河	何家坡水文站	69.3	135	220	354	464	741	867
泾河	蔡家庙沟	蔡家庙水文站	—	—	—	—	—	—	—
	大路河	窑峰头水文站	—	—	—	—	—	—	—
	石堡子河	华亭水文站	93.0	163	248	374	477	730	844
洮河	漫坝河	王家磨水文站	115	227	376	608	801	1290	1510
	东峪沟	尧甸水文站	214	328	452	625	760	1080	1230
	苏家集河	康乐水文站	48.9	85.7	130	197	251	384	444
嘉陵江	罗家河	徽县水文站	—	—	—	—	—	—	—
	岸门口河	康县水文站	—	—	—	—	—	—	—
	北峪河	马街水文站	115	192	281	412	517	775	890
石羊河	峡门河	哈溪水文站	—	—	—	—	—	—	—
黑河	大堵麻河	瓦房城水库水文站	—	—	—	—	—	—	—

注　部分水文站 $C_s > 5.0$，不能适线，未做频率计算。

5.3　小流域暴雨洪水模拟

5.3.1　代表性暴雨洪水选定及特征统计

在小流域代表水文站的洪水特征统计资料中，一般每年选取 1～3 场次暴雨和相应洪水，统计暴雨量及其起讫时间、洪峰流量、径流深、洪水起涨时间、洪峰出现时间、洪水回落时间等特征值。在进行暴雨洪水关系分析时，用所有不同历时的大小洪水数据建立的关系可能很散乱，由于较小的洪水一般不会造成危害或造成的危害较小，有些较大洪水尽管量级大，但暴雨历时很长，洪水涨落过程持续长，容易防范，为此，本书重点选取较大的、中短历时暴雨洪水，建立各小流域暴雨洪水概化模型，模拟洪水历时和洪峰流量预报模型，为预防短历时暴雨灾害提供决策依据。

暴雨洪水场次选取的原则如下：

（1）洪峰流量大于 $10m^3/s$ 的洪水。

（2）降水开始到洪峰出现小于 12h 的短历时、12～24h 的中历时暴雨洪水场次。

（3）康县水文站短历时洪水出现很少，选取 12～24h 的中历时、24～48h 的长历时暴雨洪水场次。

根据以上原则，分别选取渭源水文站、何家坡水文站、蔡家庙水文站、窑峰头水文站、华亭水文站、王家磨水文站、尧甸水文站、康乐水文站、徽县水文站、马街水文站、康县水文站18、47、73、43、54、51、77、26、23、49、49共计510场次暴雨洪水特征值统计数据，分别计算各水文站的暴雨量和洪峰流量均值，降水历时、洪水历时、洪水上涨历时的均值，以及洪水起涨时间、洪峰出现时间、洪水回落时间的均值（起始时间为0，即降水开始时间），见表5.5、表5.6。

表 5.5　　　　　　小流域短历时（＜12h）暴雨洪水特征值统计表

流域	河流	测站	平均暴雨量/mm	平均洪峰流量/(m³/s)	雨水历时/h			预报时间/h		
					降水历时	洪水历时	洪水上涨历时	洪水起涨时间	洪峰出现时间	洪水回落时间
渭河	清源河	渭源水文站	38.5	45.5	19.1	38.3	2.5	2.6	5.1	40.9
	牛谷河	何家坡水文站	19.2	59.3	12.2	30.0	2.7	2.1	4.8	32.1
泾河	蔡家庙沟	蔡家庙水文站	22.7	89.8	21.1	33.0	1.7	4.7	6.3	37.6
	大路河	窑峰头水文站	22.6	72.8	24.7	39.4	3.4	3.1	6.5	42.5
	石堡子河	华亭水文站	28.3	52.5	21.4	36.7	4.0	2.6	6.6	39.3
洮河	漫坝河	王家磨水文站	32.8	80.6	22.1	34.5	3.2	1.6	4.7	36.1
	东峪沟	尧甸水文站	25.5	102.3	17.7	32.2	2.3	2.1	4.4	34.4
	苏家集河	康乐水文站	27.6	29.2	22.9	30.0	4.0	2.7	6.6	32.7
嘉陵江	罗家河	徽县水文站	50.4	29.3	21.6	40.6	4.8	2.3	7.1	42.9
	北峪河	马街水文站	19.3	63.9	17.9	26.8	2.4	4.6	7.0	31.4

表 5.6　　　　　　小流域中历时（12～24h）暴雨洪水特征值统计表

流域	河流	测站	平均降水量/mm	平均洪峰流量/(m³/s)	雨水历时/h			预报时间/h		
					降水历时	洪水历时	洪水上涨历时	洪水起涨时间	洪峰出现时间	洪水回落时间
渭河	清源河	渭源水文站	133.9	62.5	86.7	90.0	7.4	8.0	15.4	98.0
	牛谷河	何家坡水文站	20.2	58.9	27.8	29.0	7.1	10.1	17.2	39.1
泾河	蔡家庙沟	蔡家庙水文站	42.4	71.5	34.6	39.1	6.0	12.4	18.5	51.5
	大路河	窑峰头水文站	51.7	105.8	40.4	48.4	7.4	13.1	20.5	61.5
	石堡子河	华亭水文站	47.2	45.0	39.7	48.6	9.7	10.1	19.8	58.7
洮河	漫坝河	王家磨水文站	47.0	77.2	56.1	77.8	8.2	9.7	17.9	87.5
	东峪沟	尧甸水文站	30.9	93.4	36.5	34.7	6.5	14.6	21.1	49.3
	苏家集河	康乐水文站	27.5	34.2	50.2	65.5	4.6	15.0	19.6	80.5

续表

流域	河流	测站	平均降水量/mm	平均洪峰流量/(m³/s)	雨水历时/h			预报时间/h		
					降水历时	洪水历时	洪水上涨历时	洪水起涨时间	洪峰出现时间	洪水回落时间
嘉陵江	罗家河	徽县水文站	50.1	19.4	41.0	53.0	10.0	9.3	19.3	62.4
	北峪河	马街水文站	30.0	75.0	45.7	38.3	4.0	15.3	19.3	53.7
	岸门口河	康县水文站	55.6	58.0	57.0	89.4	11.6	3.1	14.7	92.6
			53.4*	66.7*	71.4*	82.5*	18.3*	17.6*	35.8*	100.1*

* 康县水文站长历时（24～48h）的特征值。

5.3.2　小流域洪水过程概化模型

根据表 5.5、表 5.6，将各代表水文站的暴雨量、洪峰流量及各种历时概化绘制成图 5.4，可以直观地反映不同小流域代表水文站的暴雨洪水过程。

1. 短历时暴雨洪水

（1）平均降水量为 19.2～50.4mm，降水历时为 12.2～24.7h。

（2）平均洪峰流量为 29.2～105.8m³/s，洪水历时为 26.8～40.6h，洪水上涨历时为 1.7～4.8h。

（3）以降水开始为起始时间，记为 0h，洪水的起涨时间为 1.6～4.7h，洪峰出现时间为 4.4～7.1h，洪水回落时间为 31.4～42.9h。

2. 中历时暴雨洪水

（1）平均降水量为 20.2～133.9mm，降水历时为 27.8～86.7h。

（2）平均洪峰流量为 19.4～105.8m³/s，洪水历时为 29.0～90.0h，洪水上涨历时为 4.0～11.6h。

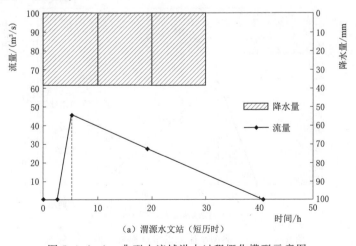

（a）渭源水文站（短历时）

图 5.4（一）　典型小流域洪水过程概化模型示意图

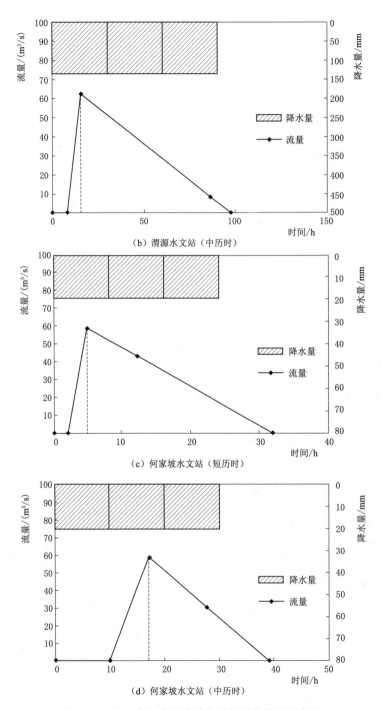

图 5.4（二） 典型小流域洪水过程概化模型示意图

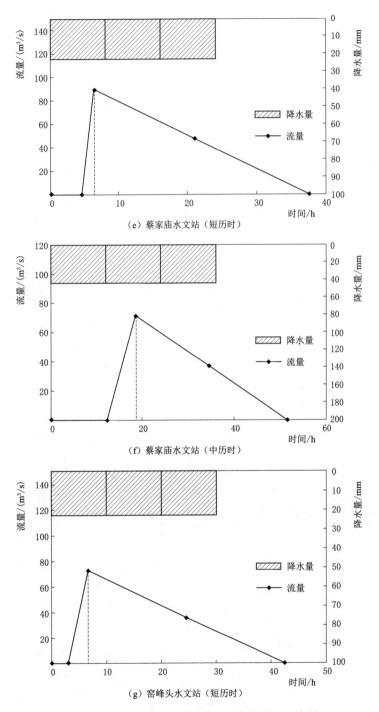

（e）蔡家庙水文站（短历时）

（f）蔡家庙水文站（中历时）

（g）窑峰头水文站（短历时）

图 5.4（三） 典型小流域洪水过程概化模型示意图

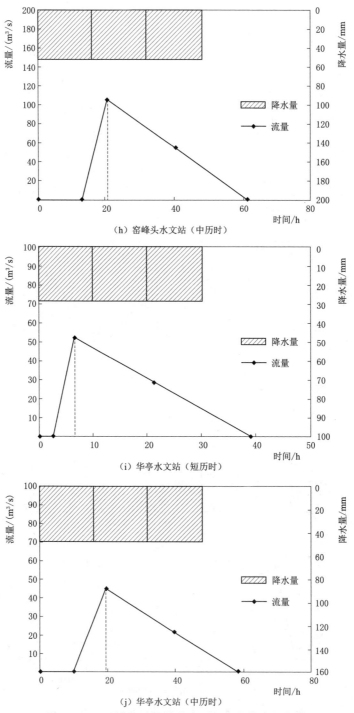

（h）窑峰头水文站（中历时）

（i）华亭水文站（短历时）

（j）华亭水文站（中历时）

图 5.4（四）　典型小流域洪水过程概化模型示意图

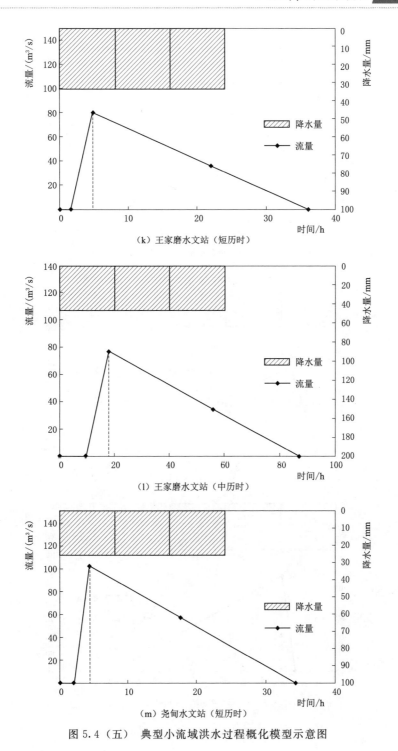

（k）王家磨水文站（短历时）

（l）王家磨水文站（中历时）

（m）尧甸水文站（短历时）

图 5.4（五）　典型小流域洪水过程概化模型示意图

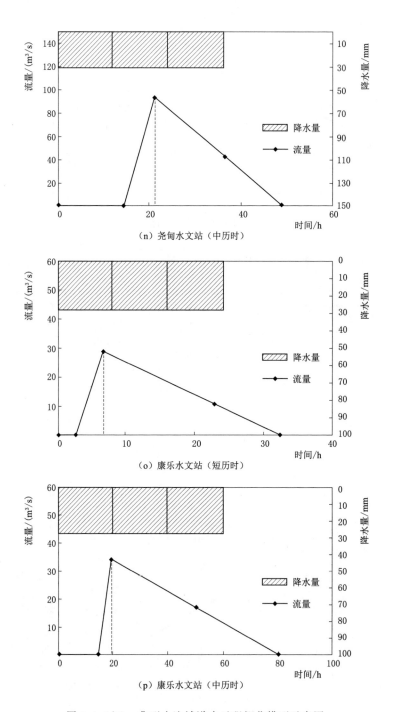

（n）尧甸水文站（中历时）

（o）康乐水文站（短历时）

（p）康乐水文站（中历时）

图 5.4（六） 典型小流域洪水过程概化模型示意图

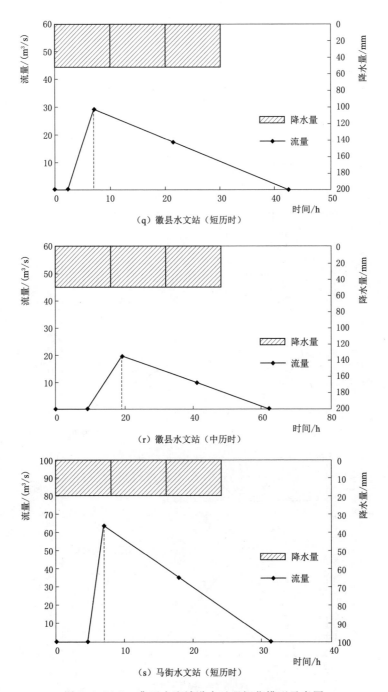

（q）徽县水文站（短历时）

（r）徽县水文站（中历时）

（s）马街水文站（短历时）

图 5.4（七）　典型小流域洪水过程概化模型示意图

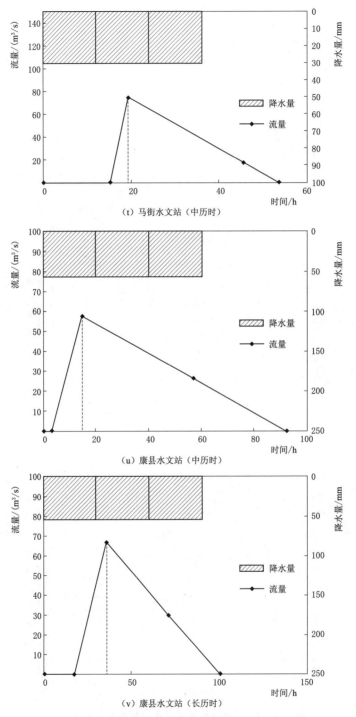

（t）马街水文站（中历时）

（u）康县水文站（中历时）

（v）康县水文站（长历时）

图 5.4（八）　典型小流域洪水过程概化模型示意图

（3）以降水开始为起始时间，记为 0h，洪水的起涨时间为 3.1～15.3h，洪峰出现时间为 14.7～21.1h，洪水回落时间为 39.1～98.0h。

3. 长历时暴雨洪水（康县水文站）

（1）平均降水量为 53.4mm，降水历时为 71.4h。

（2）平均洪峰流量为 66.7m³/s，洪水历时为 82.5h，洪水上涨历时为 18.3h。

（3）以降水开始为起始时间，记为 0h，洪水的起涨时间为 17.6h，洪峰出现时间为 35.8h，洪水回落时间为 100.1h。

5.3.3 洪峰流量与流域特征综合关系模型

洪水洪峰流量与流域面积、河长、河道比降等流域特征有关，建立其相关公式如下：

$$Q = a_0 F^\alpha L^\beta I^\gamma \tag{5.1}$$

式中　　Q——最大洪峰流量，m^3/s；

F——流域面积，km^2；

L——河长，km；

I——河道比降，‰；

a_0、α、β、γ——待定系数。

统计各小流域的洪峰流量、流域面积、河长、河道比降数据（表 5.7），分别拟合短历时、中历时公式如下：

$$Q = 98.7410 F^{0.4145} L^{-0.4480} I^{-0.4110} \tag{5.2}$$

$$Q = 24.325 F^{0.4684} L^{-0.1765} I^{-0.3486} \tag{5.3}$$

表 5.7　　　　　　　　各小流域特征及洪峰流量表

水系	河流	测站名称	短历时（<12h）				中历时（12～24h）			
			流域面积/km²	河长/km	河道比降/‰	洪峰流量/(m³/s)	流域面积/km²	河长/km	河道比降/‰	洪峰流量/(m³/s)
渭河	清源河	渭源水文站	108	27.0	33.3	45.5	108	27	33.3	62.5
	牛谷河	何家坡水文站	100	20.3	9.9	59.3	100	20.3	9.9	58.9
泾河	蔡家庙沟	蔡家庙水文站	270	14.6	13.7	89.8	270	14.6	13.7	71.5
	大路河	窑峰头水文站	219	54.1	5.5	72.8	219	54.1	5.5	105.8
	石堡子河	华亭水文站	276	27.3	33.0	52.5	276	27.3	33.0	45.0
洮河	漫坝河	王家磨水文站	464	43.1	27.8	80.6	464	43.1	27.8	77.2
	东峪沟	尧甸水文站	272	25.7	11.7	102.3	272	25.7	11.7	93.4
	苏家集河	康乐水文站	330	38.4	31.3	29.2	330	38.4	31.3	34.2

续表

| 水系 | 河流 | 测站名称 | 短历时（<12h） | | | | 中历时（12~24h） | | | |
			流域面积/km²	河长/km	河道比降/‰	洪峰流量/(m³/s)	流域面积/km²	河长/km	河道比降/‰	洪峰流量/(m³/s)
嘉陵江	罗家河	徽县水文站	108	24.9	24.1	29.3	108	24.9	24.1	19.4
	北峪河	马街水文站	278	14.5	41.4	63.9	278	14.5	41.4	75.0
	岸门口河	康县水文站	217	19.9	30.2	58.0	217	19.9	30.2	66.7

洪峰流量与流域面积、河长、河道比降的相关系数 R 为 0.700、0.576，实测值与模拟值对照见图 5.5，可见选定因子和参数基本合理，公式模拟值与实测值接近，误差较小。

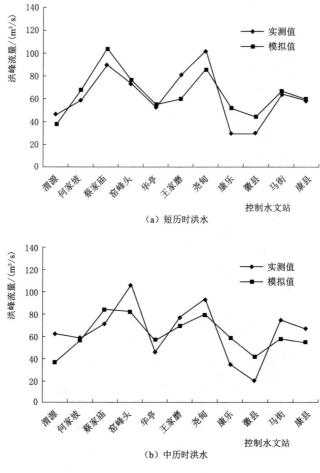

（a）短历时洪水

（b）中历时洪水

图 5.5　洪峰流量实测值与模拟值对照

5.3.4　洪水历时分析

降水何时开始、洪水何时起涨、最大洪水何时出现，往往是洪水预警预报中关注的因素。洪水历时与流域的特征、降水的时空分布有关，定量分析其变化规律的难度较大，根据表 5.5～表 5.7，对几个代表性小流域的短历时、中历时洪峰出现时间定性分析如下：

1. 短历时洪水历时

（1）渭河流域的渭源水文站、何家坡水文站，洮河流域的王家磨水文站、尧甸水文站，洪水起涨时间（降水开始至洪水起涨）很短，约 2h，洪峰出现时间（降水开始至洪峰出现）约 5h。

（2）泾河流域的蔡家庙水文站、窑峰头水文站、华亭水文站，洮河流域的康乐水文站，洪水起涨时间为 3～5h，洪峰出现时间约 6h。

（3）嘉陵江流域的徽县水文站、马街水文站，洪水起涨时间为 2～5h，洪峰出现时间约 7h。

2. 中历时洪水历时

（1）渭河流域的渭源水文站、何家坡水文站，洮河流域的王家磨水文站，洪水起涨时间为 8～10h，洪峰出现时间为 15～18h。

（2）泾河流域的蔡家庙水文站、窑峰头水文站、华亭水文站，洮河流域的尧甸水文站、康乐水文站，嘉陵江流域的徽县水文站、马街水文站，洪水起涨时间为 9～15h，洪峰出现时间为 18～21h。

（3）嘉陵江流域的康县水文站，洪水起涨时间约 3h，洪峰出现时间约 15h。

5.4　本　章　结　论

（1）各时段最大暴雨量最大值主要分布在泾河流域的华亭水文站、嘉陵江流域的徽县水文站、康县水文站，最小值主要分布在内陆河流域的哈溪水文站、瓦房城水库水文站。

（2）泾河流域的窑峰头水文站、洮河流域的康乐水文站各时段最大暴雨量历年均呈增加趋势，其他水文站各时段最大暴雨量有增有减，增减幅度在 −0.9997～0.843 之间，中间时段的最大暴雨量增加的站较多，预防此类局地暴雨灾害的形势较为严峻。

（3）点绘各代表水文站多年平均最大暴雨量 P 随暴雨历时 T 变化曲线，渭河流域、洮河流域、嘉陵江流域的 7 处水文站以对数曲线拟合较好，泾河流域、内陆河流域的 5 处水文站以指数曲线拟合较好。拟合公式相关系数在 0.956 以上，可见最大暴雨量与暴雨历时相关关系较好。

（4）统计各代表水文站年最大流量特征值，可知石堡子河、罗家河流量极值比变化最大，峡门河流量极值比最小，仅为 2.5。苏家集河、东峪沟、北峪河、大路河流量极值比分布在 28.8～97.9 之间，其余河流极值比则在 108.9～641.7 之间。

（5）点绘代表水文站历年最大流量变化过程线，渭源水文站、华亭水文站、王家磨水文站、尧甸水文站、康乐水文站、马街水文站的年最大流量总体呈减小的趋势，何家坡水文站、蔡家庙水文站、窑峰头水文站、徽县水文站、康县水文站的年最大流量总体呈增加的趋势。

（6）选取较大的、中短历时暴雨洪水，建立各小流域暴雨洪水概化模型，洪峰流量与流域面积、河长、河道比降的相关系数 R 为 0.700、0.576，模拟洪水历时和洪峰流量效果较好。

第6章

水 沙 关 系 模 型 分 析

6.1 降 水-径 流 关 系

6.1.1 年降水-径流关系

绘制小流域出口年径流量与面平均年降水量关系曲线（图6.1），拟合公式主要为指数、幂、二次多项式函数，其中清源河、蔡家庙沟、石堡子河、漫坝河、罗家河、岸门口河、峡门河降水-径流关系较好，相关系数在0.812~0.876之间；其次为东峪沟、苏家集河、北峪河，相关系数在0.626~0.786之间；牛谷河、大路河降水-径流关系较差，相关系数在0.329~0.539之间。

6.1.2 次降水-径流关系

绘制小流域出口场次洪水的径流深与面平均降水量关系曲线（图6.2），拟合公式主要为二次多项式函数，其中清源河、蔡家庙沟、石堡子河、岸门口河、北峪河降水-径流关系较好，相关系数在0.590~0.759之间；其次为

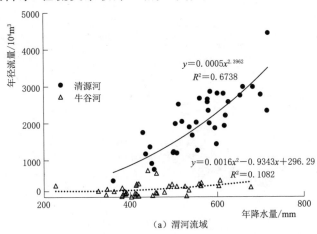

$$y=0.0005x^{2.3962}$$
$$R^2=0.6738$$

$$y=0.0016x^2-0.9343x+296.29$$
$$R^2=0.1082$$

（a）渭河流域

图 6.1（一） 小流域年径流量与年降水量相关图

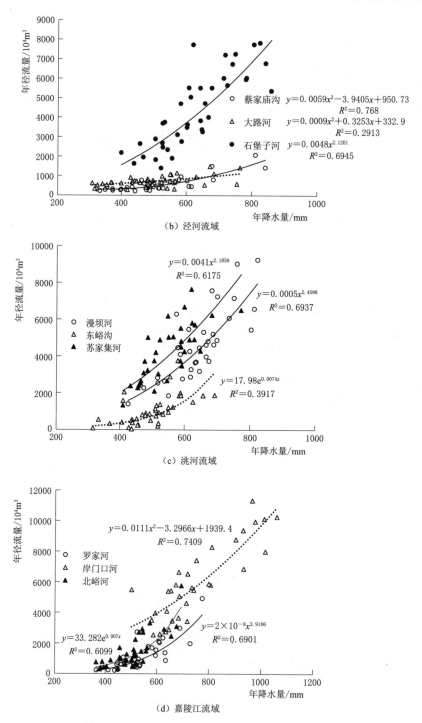

图 6.1（二）　小流域年径流量与年降水量相关图

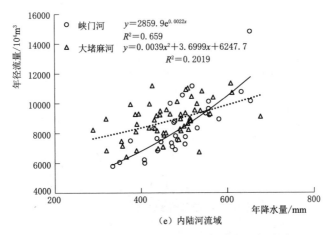

（e）内陆河流域

图 6.1（三）　小流域年径流量与年降水量相关图

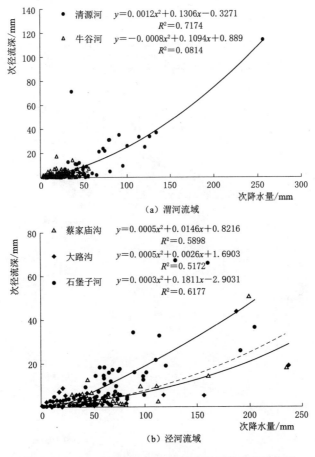

（a）渭河流域

（b）泾河流域

图 6.2（一）　小流域场次洪水径流深与降水量相关图

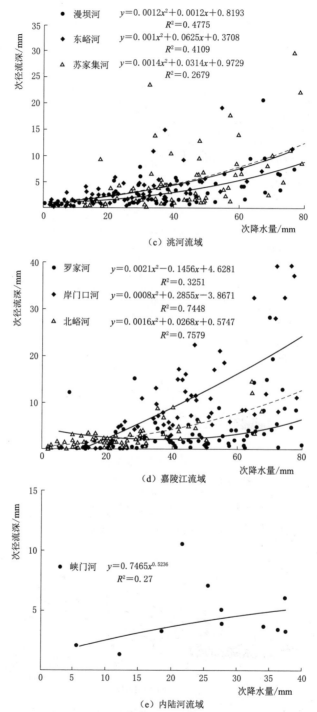

（c）洮河流域

（d）嘉陵江流域

（e）内陆河流域

图 6.2（二） 小流域场次洪水径流深与降水量相关图

大路河、漫坝河、东峪沟，相关系数在 0.641～0.719 之间；牛谷河、苏家集河、罗家河、峡门河降水-径流关系较差，相关系数在 0.285～0.570 之间。大堵麻河因配套雨量站较少，无法计算场次面平均降水量，故未做降水-径流关系分析。

6.2 降水-泥沙关系

6.2.1 年降水-泥沙关系

　　绘制小流域出口年输沙量与面平均年降水量关系曲线（图 6.3），拟合公式主要为指数、幂、线性、二次多项式函数，其中蔡家庙沟降水-泥沙关系较好，相关系数达到 0.803；其次为清源河、岸门口河、北峪河，降水-泥沙相关系数

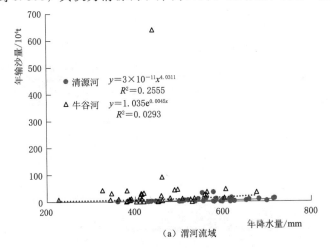

（a）渭河流域

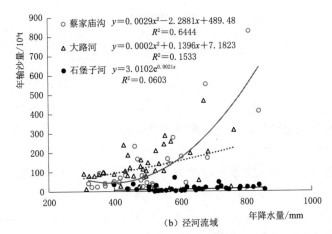

（b）泾河流域

图 6.3（一）　小流域年输沙量与年降水量相关图

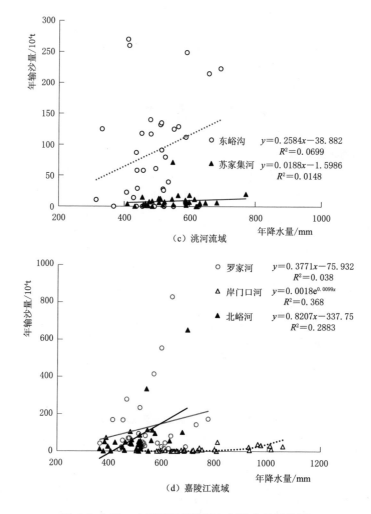

图 6.3（二）　小流域年输沙量与年降水量相关图

在 0.505～0.607 之间；牛谷河、大路河、石堡子河、东峪沟、苏家集河、罗家河降水-泥沙关系较差，相关系数在 0.122～0.392 之间。漫坝河、峡门河、大堵麻河因无泥沙观测资料，未进行水沙关系分析。

6.2.2　次降水-泥沙关系

绘制小流域出口场次洪水的输沙量与面平均降水量关系曲线（图 6.4），拟合公式主要为指数、二次多项式函数，其中蔡家庙沟、岸门口河、北峪河降水-泥沙关系较好，相关系数分别为 0.755、0.949、0.750；其他河流降水-泥沙关系较差，相关系数在 0.555 及以下。

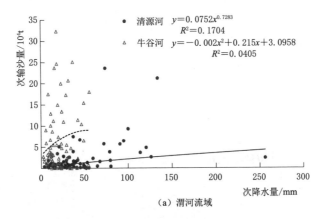

（a）渭河流域

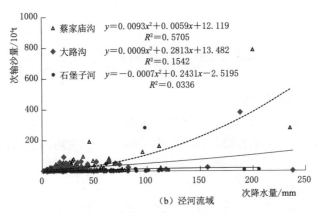

（b）泾河流域

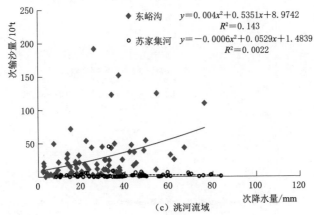

（c）洮河流域

图 6.4（一）　小流域场次洪水输沙量与降水量相关图

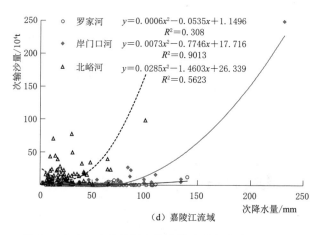

（d）嘉陵江流域

图 6.4（二） 小流域场次洪水输沙量与降水量相关图

6.3 径流-泥沙关系

6.3.1 年径流-泥沙关系

绘制小流域出口年径流量与年输沙量关系曲线（图 6.5），拟合公式主要为指数、幂、线性、二次多项式函数，其中牛谷河、蔡家庙沟、大路河、北峪河径流-泥沙关系较好，相关系数在 0.845～0.986 之间；其次为东峪沟、岸门口河，径流-泥沙相关系数分别为 0.712、0.779；清源河、石堡子河、苏家集河、罗家河径流-泥沙关系较差，相关系数在 0.592 及以下。

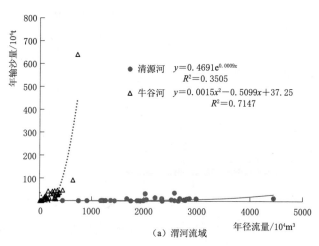

（a）渭河流域

图 6.5（一） 小流域年输沙量与年径流量相关图

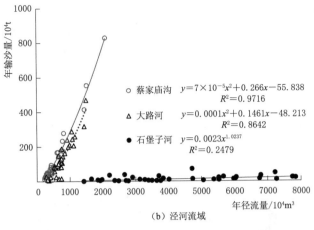

（b）泾河流域

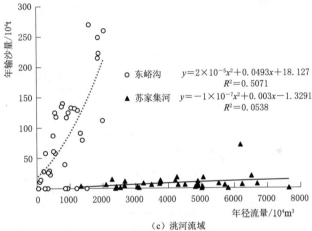

（c）洮河流域

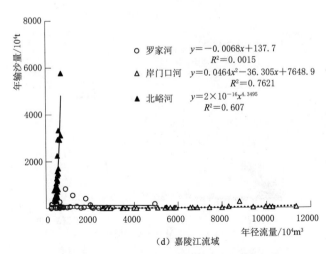

（d）嘉陵江流域

图 6.5（二）　小流域年输沙量与年径流量相关图

6.3.2　次径流-泥沙关系

　　绘制小流域出口场次洪水的径流量与输沙量关系曲线（图 6.6），拟合公式主要为幂、线性、二次多项式函数，其中牛谷河、大路河、东峪沟、罗家河、

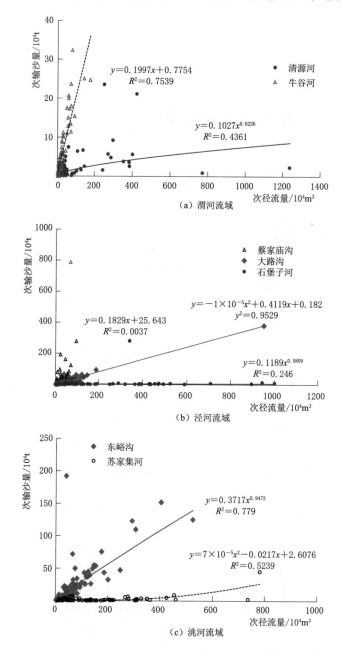

（a）渭河流域

（b）泾河流域

（c）洮河流域

图 6.6（一）　小流域场次洪水输沙量与径流量相关图

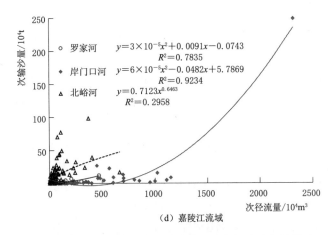

（d）嘉陵江流域

图 6.6（二） 小流域场次洪水输沙量与径流量相关图

岸门口河径流-泥沙关系较好，相关系数在 0.868～0.976 之间；其次为清源河、苏家集河，径流-泥沙相关系数分别为 0.660、0.724；蔡家庙沟、石堡子河、北峪河径流-泥沙关系较差，相关系数在 0.544 及以下。

6.4 水沙关系模型改进

6.4.1 次降水-径流关系模型改进

前期影响雨量在水文预报中有着十分重要的作用，有的预报方案对前期影响雨量依赖性很强，前期影响雨量的计算准确性很大程度地影响预报成果的准确度。前期影响雨量 P_a 计算公式如下：

$$P_{a[t+1]} = K_a(P_{a[t]} + P_{[t]}) \tag{6.1}$$

式中　$P_{a[t]}$——第 t 天开始时刻的前期影响雨量，mm；

　　$P_{a[t+1]}$——第 $t+1$ 天开始时刻的前期影响雨量，mm；

　　$P_{[t]}$——第 t 天的流域降雨量，mm；

　　K_a——流域蓄水的日消退系数，取近似值 0.85。

分别选取清源河、牛谷河 2 个小流域 44 场次、49 场次实测暴雨洪水资料，统计每一场次的径流深 H 及与之对应的降水量 P、前期影响雨量 P_a，经对照分析，清源河流域采用 15 日前期影响雨量相关关系相对较好，牛谷河流域采用 5 日前期影响雨量相关关系较好。点绘 $P+P_a$ 与次径流深关系曲线（图 6.7、图 6.8），相关关系较好，相关系数分别为 0.860、0.809，比降水-径流直接相关的精度提高了很多（直接相关系数为 0.847、0.285）。次降水量与次径流深关系拟合公式如下：

119

清源河流域：

$$H=0.0012(P+P_{a15日})^2+0.1075(P+P_{a15日})-5.0246 \qquad (6.2)$$

牛谷河流域：

$$H=0.0005(P+P_{a5日})^2+0.0892(P+P_{a5日})-0.0941 \qquad (6.3)$$

应用某一场次的降水量、前期影响雨量，根据式（6.2）、式（6.3）即可预报出本次降水产生的径流深。如 1999 年 7 月 14 日 14：40—17：20 清源河流域产生降水量 100.1mm，最大点降水量 115.4mm，分析 15 日前期影响雨量值为16.2mm，根据式（6.2）预报本次降水产生的径流深为 23.7mm，实测值为26.1mm，预报误差为－9.2%，满足水文情报预报的精度要求。

2009 年 7 月 28 日 14：00—22：30 牛谷河流域产生降水量 10mm，最大点降水量 18.8mm，分析 5 日前期影响雨量值为 17.0mm，根据式（6.3）预报本次降水产生的径流深为 3.89mm，实测值为 2.4mm，预报误差为 12.5%，满足水文情报预报的精度要求。

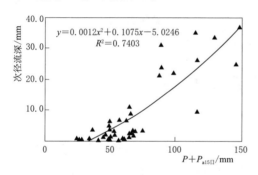

图 6.7　清源河流域次降水-径流相关图　　图 6.8　牛谷河流域次降水-径流相关图

6.4.2　水沙关系模型改进

由前面章节可以看出，总体上输沙量与径流量的关系较好，输沙量与降水量的关系较差，次输沙量与次降水量关系比年输沙量与年降水量的关系好。以清源河为例，对小流域水沙模型做进一步探讨。

6.3 节分析中，清源河流域年径流量与年输沙量、次径流量与次输沙量相关关系较差，分析原因，径流与输沙关系主要受当年最大一场洪水的影响。渭源水文站自建站以来洪峰流量超过 $100\text{m}^3/\text{s}$ 的只有 1991 年和 1996 年，分别为$164\text{m}^3/\text{s}$ 和 $143\text{m}^3/\text{s}$，这两年的关系点据明显偏离，其他年份都在 $62.5\text{m}^3/\text{s}$ 以下，关系点据相对集中，可见洪峰流量对泥沙的影响很大。

以年最大洪峰流量为参数，输沙量与径流量的关系式表达如下：

$$W_s=a_0W^\alpha Q^\beta \qquad (6.4)$$

式中　W_s——输沙量，10^4t；

W——径流量，$10^4 \mathrm{m}^3$；

Q——最大洪峰流量，m^3/s；

a_0、α、β——待定系数。

以实测年输沙量、年径流量、最大洪峰流量数据拟合公式，如下：

$$W_\mathrm{S} = 0.000321 W^{0.9958} Q^{0.6674}$$

以实测次输沙量、次径流量、最大洪峰流量数据拟合公式，如下：

$$W_\mathrm{S} = 0.01698 W^{0.3523} Q^{1.0897}$$

实测年输沙量与年径流量、最大洪峰流量相关系数为 0.835，次输沙量与次径流量、最大洪峰流量相关系数为 0.917，比输沙量与径流量直接相关的精度提高了很多（直接相关系数仅为 0.592、0.660）。实测值与模拟值对照见图 6.9，可见选定因子和参数合理，相关关系较好，公式模拟值与实测值接近，误差较小。

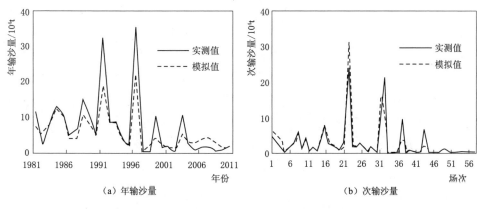

（a）年输沙量　　　　　　　　（b）次输沙量

图 6.9　输沙量模拟值与实测值对照图

6.5　本　章　结　论

本章重点分析了各小流域年降水-径流关系、次降水-径流关系，年降水-泥沙关系、次降水-泥沙，以及年径流-泥沙关系、次径流-泥沙关系，并以清源河、牛谷河为例，引入前期影响雨量、洪峰流量要素，对相关模型关系进行了优化，主要结论如下：

（1）各小流域降水-径流关系受下垫面条件、雨强、降雨历时等因素综合影响，密切性各不相同，年降水-径流关系较好的小流域有清源河、蔡家庙沟、石堡子河、漫坝河、东峪沟、苏家集河、罗家河、岸门口河、北峪河、峡门河等；次降水-径流关系较好的小流域有清源河、蔡家庙沟、大路河、石堡子河、漫坝河、东峪沟、岸门口河、北峪河等；牛谷河年和次降水-径流关系均较差。

（2）各小流域径流-泥沙关系较好，降水-泥沙关系较差。截至 2014 年，受气候变化和人类活动影响，流域下垫面条件改变，特别是植被改善和水土保持措施致使水沙关系发生较大变化。

（3）分析清源河、牛谷河次降水-径流关系，分别引入 15 日、5 日前期影响雨量作为影响因素建立改进模型，相关系数大幅提高，说明前期影响雨量对次径流深具有重要的影响，改进模型具有较好的洪水预报效果。

（4）分析清源河径流-泥沙关系时，引入洪峰流量作为影响因素建立改进模型，相关系数有了大幅提高，年和次径流-泥沙相关系数分别由 0.592、0.660 提高到 0.835、0.917。

第7章

结 论 与 建 议

7.1 主 要 结 论

7.1.1 研究区及资料选定

本书选取了甘肃省境内 13 个典型小流域作为研究区，出口处均有控制性水文站，其上游均有配套雨量站。除漫坝河王家磨水文站、峡门河哈溪水文站、大堵麻河瓦房城水库水文站泥沙资料短缺或未观测、径流资料比较齐全外，其余代表水文站降水、径流、泥沙均有较长系列的实测资料。分析所选用资料均为甘肃省水文部门按照国家标准规范实测整编成果，资料可靠，历年衔接一致，并且包含了若干个连续丰水年、平水年、枯水年，资料的代表性较好。

7.1.2 年内变化规律

对各小流域代表水文站降水量、径流量、输沙量月分配白分比、基尼系数、集中度与集中期分析结果表明：各代表水文站水沙年内分配不均，主要集中在汛期，其中连续最大 5 个月降水量占全年的 77.2%～81.7%，连续最大 5 个月径流量占全年的 66.4%～86.1%，连续最大 5 个月输沙量占全年的 94.4%～99.5%。最大月降水量、最大月径流量、最大月输沙量均发生在 7—9 月三个月，最大月降水量占全年的 18.2%～22.0%，最大月径流量占全年的 15.2%～27.1%，最大月输沙量占全年的 27.2%～46.4%。

7.1.3 年际变化规律

对各小流域代表水文站年降水量、年径流量、年输沙量过程线、模比系数、历年丰枯变化、年代丰枯变化对比分析，结果表明：各代表水文站年降水量趋势方程系数分布在 -27.2～21.3mm/10a，年径流量趋势方程系数分布在 -60.9×10^4～$75.6 \times 10^4 \mathrm{m}^3/\mathrm{a}$，年输沙量趋势方程系数分布在 -59.5×10^4～$4.57 \times 10^4 \mathrm{t/a}$；各代表水文站在 2000 年以前，年降水量、年径流量、年输沙量年际变化趋势基本同步，表现为年降水量偏丰的情况下，年径流量也偏丰，年输沙量相应偏多，反之亦然；2000 年以后年降水量、年径流量、年输沙量年际变化趋势不同步，表现为年降水量偏丰的情况下，年径流量和年输沙量呈丰水减沙、枯水增沙等交替效应。

7.1.4 暴雨洪水特性及模拟

（1）各时段最大暴雨量最大值主要分布在泾河流域的华亭水文站、嘉陵江流域的徽县水文站、康县水文站，最小值主要分布在内陆河流域的哈溪水文站、瓦房城水库水文站。泾河流域的窑峰头水文站、洮河流域的康乐水文站各时段最大暴雨量历年均呈增加趋势，其他水文站各时段最大暴雨量有增有减，增减幅度在 $-0.9997 \sim 0.843$ mm/a 之间，中间时段的最大暴雨量增加的站较多，预防此类局地暴雨灾害的形势较为严峻。最大暴雨量与暴雨历时相关关系较好，拟合公式相关系数在 0.956 以上。

（2）各代表水文站年最大流量极值比相差较大，峡门河流量极值比最小，仅为 2.5，苏家集河、东峪沟、北峪河、大路河流量极值比在 $28.8 \sim 97.9$ 之间，其余河流极值比在 $108.9 \sim 641.7$ 之间。从历年最大流量变化过程线变化趋势看，渭源水文站、华亭水文站、王家磨水文站、尧甸水文站、康乐水文站、马街水文站的年最大流量总体呈减小趋势，何家坡水文站、蔡家庙水文站、窑峰头水文站、徽县水文站、康县水文站的年最大流量总体呈增加趋势。

建立拟合洪峰流量与流域面积、河长、河道比降的综合相关公式：

短历时：$Q = 98.7410 F^{0.4145} L^{-0.4480} I^{-0.4110}$

中历时：$Q = 24.325 F^{0.4684} L^{-0.1765} I^{-0.3486}$

相关系数 R 为 0.700、0.576，公式模拟值与实测值接近。

（3）建立绘制各小流域暴雨洪水过程概化模型。

1）短历时暴雨洪水：平均降水量 $19.2 \sim 50.4$ mm，降水历时 $12.2 \sim 24.7$h；平均洪峰流量 $29.2 \sim 105.8$ m³/s，洪水历时 $26.8 \sim 40.6$h，洪水上涨历时 $1.7 \sim 4.8$h；以降水开始为起始时间，洪水的起涨时间 $1.6 \sim 4.7$h，洪峰出现时间 $4.4 \sim 7.1$h，洪水回落时间 $31.4 \sim 42.9$h。

2）中历时暴雨洪水：平均降水量 $20.2 \sim 133.9$ mm，降水历时 $27.8 \sim 86.7$h；平均洪峰流量 $19.4 \sim 105.8$ m³/s，洪水历时 $29.0 \sim 90.0$h，洪水上涨历时 $4.0 \sim 11.6$h；洪水的起涨时间为 $3.1 \sim 15.3$h，洪峰出现时间为 $14.7 \sim 21.1$h，洪水回落时间为 $39.1 \sim 98.0$h。

3）长历时暴雨洪水（康县水文站）：平均降水量为 53.4mm，降水历时 71.4h；平均洪峰流量 66.7 m³/s，洪水历时 82.5h，洪水上涨历时 18.3h；洪水的起涨时间为 17.6h，洪峰出现时间为 35.8h，洪水回落时间为 100.1h。

（4）洪水历时分析：渭河流域的渭源水文站、何家坡水文站，洮河流域的王家磨水文站、尧甸水文站，洪水起涨时间（降水开始至洪水起涨）很短，约

2h，洪峰出现时间（降水开始至洪峰出现）约5h；泾河流域的蔡家庙水文站、窑峰头水文站、华亭水文站，洮河流域的康乐水文站，洪水起涨时间为3~5h，洪峰出现时间约6h；嘉陵江流域的徽县水文站、马街水文站，洪水起涨时间为2~5h，洪峰出现时间约7h。中历时洪水历时：渭河流域的渭源水文站、何家坡水文站，洮河流域的王家磨水文站，洪水起涨时间为8~10h，洪峰出现时间为15~18h；泾河流域的蔡家庙水文站、窑峰头水文站、华亭水文站，洮河流域的尧甸水文站、康乐水文站，嘉陵江流域的徽县水文站、马街水文站，洪水起涨时间为9~15h，洪峰出现时间为18~21h；嘉陵江流域的康县水文站，洪水起涨时间大约3h；洪峰出现时间约15h。

7.1.5 降水-径流关系

各小流域降水-径流关系受下垫面条件、雨强、降雨历时等因素综合影响，密切性各不相同，年降水-径流关系较好的小流域有清源河、蔡家庙沟、石堡子河、漫坝河、东峪沟、苏家集河、罗家河、岸门口河、北峪河、峡门河等；次降水-径流关系较好的小流域有清源河、蔡家庙沟、大路河、石堡子河、漫坝河、东峪沟、岸门口河、北峪河等；牛谷河年和次降水-径流关系均较差。

分析清源河、牛谷河次降水-径流关系，分别引入15日、5日前期影响雨量作为影响因素建立改进模型，相关系数分别达到0.860、0.809，比降水-径流直接相关的精度提高了很多（直接相关系数为0.847、0.285），说明前期影响雨量对次径流深具有重要的影响，改进模型具有较好洪水预报效果。次降水量与次径流深关系拟合公式如下：

清源河流域：
$$H = 0.0012(P + P_{a15日})^2 + 0.1075(P + P_{a15日}) - 5.0246$$

牛谷河流域：
$$H = 0.0005(P + P_{a5日})^2 + 0.0892(P + P_{a5日}) - 0.0941$$

7.1.6 降水-泥沙关系

各小流域降水-泥沙关系总体较差。除蔡家庙沟、清源河、岸门口河、北峪河年降水-泥沙关系相关系数在0.505~0.803之间，其他流域年降水-泥沙关系相关系数在0.122~0.392之间；蔡家庙沟、岸门口河、北峪河次降水-泥沙关系相关系数分别为0.755、0.949、0.750，其他流域次降水-泥沙关系相关系数均在0.555及以下。

7.1.7 径流-泥沙关系

总体上，各小流域径流-泥沙关系较好。近几十年受气候变化和人类活动影响，流域下垫面条件改变，特别是植被改善和水土保持措施致使水沙关系发生较大变化。

分析清源河径流-泥沙关系时，引入洪峰流量作为影响因素建立改进模型，

125

相关系数有了大幅提高，年和次径流-泥沙相关系数分别由 0.592、0.660 提高到 0.835、0.917。年输沙量与年径流量、最大洪峰流量关系拟合公式为

$$W_S = 0.000321W^{0.9958}Q^{0.6674}$$

次输沙量与次径流量、最大洪峰流量关系拟合公式为

$$W_S = 0.01698W^{0.3523}Q^{1.0897}$$

7.2 应用前景与建议

1. 应用前景

本书针对甘肃省境内局地短历时暴雨洪水灾害频发问题，紧密结合中小河流治理与水文监测预警的需求，选取清源河、牛谷河、蔡家庙沟、大路河、石堡子河、漫坝河、东峪沟、苏家集河、罗家河、岸门口河、北峪河、峡门河、大堵麻河等典型小流域，系统分析了代表水文站点水沙年际年内变化规律，研究了暴雨洪水特性，概化模拟了洪水过程及洪峰流量、洪水历时，建立并优化、改进了水沙关系模型，在以下几个方面进行了研究探索：

（1）系统分析了甘肃省典型小流域降水量、径流量、输沙量年际变化规律，结果表明：各典型小流域降水量、径流量、输沙量年际变化趋势在 2000 年以前基本同步，表现为降水偏丰的情况下，径流量也偏丰，输沙量相应偏多，反之亦然；2000 年以后年际变化趋势不同步，表现为降水量偏丰的情况下，径流量和输沙量可能呈丰水减沙、枯水增沙等交替效应。

（2）系统分析了甘肃省典型小流域降水、径流量、输沙量年内变化规律，结果表明：各典型小流域降水量、径流量、输沙量年内分配不均，基尼系数超过平均分配"警戒线"，径流量和输沙量的集中期基本重合，连续最大 5 个月占比基本集中在 5—9 月，最大月降水量、最大月径均流量、最大月输沙量均发生在 7—9 月。

（3）系统分析了甘肃省典型小流域不同时段多年平均最大暴雨量，并对各时段最大暴雨量历年变化趋势进行拟合，结果表明：各时段最大暴雨量最大值分布在泾河流域的华亭水文站、嘉陵江流域的徽县水文站、康县水文站，最小值分布在内陆河流域的哈溪水文站、瓦房城水库水文站，泾河流域的窑峰头水文站、洮河流域的康乐水文站各时段最大暴雨量历年均呈增加趋势，其他水文站各时段最大暴雨量有增有减，中间时段的最大暴雨量增加的站较多，预防此类局地暴雨灾害的形势较为严峻。

（4）系统分析了甘肃省典型小流域多年平均最大暴雨量和暴雨历时的变化，结果表明：典型小流域最大暴雨量与暴雨历时相关关系较好，其中清源河、牛谷河、东峪沟、苏家集河、罗家河、岸门口河、北峪河 7 个小流域以对数曲线

拟合较好，蔡家庙沟、大路河、石堡子河、峡门河、大堵麻河 5 个小流域以指数曲线拟合较好，相关系数在 0.956 以上。

（5）系统分析了甘肃省典型小流域长、中、短历时暴雨洪水特性，首次建立了甘肃省典型小流域暴雨洪水过程概化模型，结果表明：短历时暴雨历时为 12～25h，洪水起涨时间为 2～5h，洪峰出现时间为 4～7h；中历时暴雨历时为 28～87h，洪水起涨时间为 3～15h，洪峰出现时间为 15～21h；长历时暴雨历时约 70h，洪水起涨时间约 18h，洪峰出现时间约 36h。

（6）系统分析了甘肃省典型小流域最大洪峰流量与流域面积、河长、河道比降等流域特征的相关关系，建立了甘肃省典型小流域最大洪峰流量与流域特征综合相关模型，相关系数较高，模拟值与实测值接近，误差较小，符合水文情报预报规范要求。

（7）系统分析了甘肃省典型小流域降水-径流关系建立了甘肃省典型小流域年和次的径流与降水关系模型，结果表明：清源河、蔡家庙沟、苏家集河、北峪河等小流域年降水-径流关系较好，清源河、蔡家庙沟、岸门口河、北峪河等小流域次降水-径流关系较好，引入 15 日、5 日前期影响雨量作为影响因素建立改进模型，证明前期影响雨量对次径流深具有重要的影响，改进模型具有较好洪水预报效果。

（8）系统分析了典型小流域年和次输沙量、降水量、径流量的相关关系，建立了甘肃省典型小流域年输沙量与年降水量、次输沙量与次降水量、年输沙量与年径流量次输沙量与次径流量关系模型，结果表明：各典型小流域输沙量与降水量关系较差，输沙量与径流量关系较好，引入洪峰流量作为影响因素改进模型，证明洪峰流量对泥沙具有重要的影响。

研究成果是对甘肃省典型小流域水文系列资料的系统分析总结，概化模拟的洪水过程及洪峰流量和洪水历时、建立的水沙关系模型，揭示了甘肃省小流域水沙演变规律，可为相似无资料地区的水利工程规划及设计、防汛抗旱、水资源管理、水土保持治理、自然生态环境修复等提供科学依据，具有重要的应用价值。

2. 建议

由于小流域水沙变化是一个十分复杂的过程，影响因子众多，产流产沙机制十分复杂，应在以下几个方面进一步进行深入研究，确保对小流域水沙变化规律和成因认识的正确性，以保证治河治沙和水资源开发利用决策的科学性。

（1）小流域水沙变化是流域产水、产沙过程对气候、下垫面等多因子综合作用的响应，分析评价难度较大。现阶段采用的分析手段和方法还很难取得较高精度的结果，需要进一步认识小流域水沙变化规律和原因，对小流域产水产沙机制、泥沙粒径、暴洪-泥沙关系模型及参数、水沙变化趋势预测等一些关键技术环节进行深入分析探讨。

（2）对水文模型的研究较多，总体可分为两类：集总式模型和分布式模型，目前大都采用基于地理遥感数据的分布式水文模型，将流域划分成若干网格，根据各网格的坡度、糙率和土壤等参数，分别输入不同的降雨，将其径流演算到流域出口断面得到径流过程。由于缺少地理遥感和土地利用数据，本书只是应用实测资料建立模拟了水文要素之间的关系公式，概化出洪水过程经验模式，对水文过程的精准化研究还需通过建立分布式水文模型来得到高质量高水平的预报结果。

（3）气候变化和人类活动对小流域水沙的影响一直是受到重点关注的热点和难点问题。气候变化包括降水、温度、辐射、湿度、风速、日照等因子综合变化，由于数据资料的限制等原因，本书只考虑了降水这一主要因子变化，对研究结果有一定影响。在分析降水对径流、泥沙影响时，从年和次的尺度进行分析，没有考虑降水强度、历时及下垫面等关键参数，研究还不够深入。同时，对水利工程和水保措施等人类活动对小流域径流泥沙变化的影响尚需做进一步研究。

（4）根据气候和下垫面相似原则，将多处典型小流域的水沙演变规律及关系模型应用于某一较大流域的不同单元，建立水沙关系耦合模型，进一步验证研究成果的实用性，是后续要研究的重要课题。

参 考 文 献

曹伟征，2011. 小流域暴雨洪水特性及其对河道冲淤的影响：以格金河和阿凌达河为例［J］. 水电能源科学，29（11）：22-24，43.

柴春山，2006. 半干旱黄土丘陵沟壑区小流域水土流失治理模式筛选［J］. 防护林科技，24（5）：38-40.

陈剑霞，黄维东，2007. 祖厉河流域年径流趋势预测分析［J］. 水利科技与经济，13（12）：920-921.

陈军武，黄维东，朱晓涛，等，2020. 祖厉河流域最大暴雨洪水特性研究［J］. 人民黄河，42（4）：7-11，29.

陈玲飞，王红亚，2004. 中国小流域径流对气候变化的敏感性分析［J］. 资源科学，27（6）：62-68.

陈仁升，沈永平，毛炜峄，等，2021. 西北干旱区融雪洪水灾害预报预警技术：进展与展望［J］. 地球科学进展，36（3）：233-244.

陈维杰，2008. 降水变化对不同下垫面的水土流失之分异影响［J］. 水土保持通报，28（1）：73-75.

崔胜寯，宋孝玉，李怀有，等，2017. 黄土高原沟壑区典型小流域不同洪水类型的侵蚀输沙特征［J］. 西安理工大学学报，33（3）：338-344.

崔小红，周祖昊，邱林，2013. 泾河流域水沙特性空间尺度变化分析［J］. 华北水利水电学院学报，34（3）：51-54.

邸利，胡晓红，刘秀杰，2002. 黄土高原小流域水土保持与雨水利用技术措施研究［J］. 甘肃林业科技，23（2）：5-8，26.

丁琳霞，穆兴民，2004. 水土保持对小流域地表径流时间特征变化的影响［J］. 干旱区资源与环境，17（3）：103-106.

丁淑芹，2000. 小流域降水入渗系数的推求方法［J］. 水土保持科技情报，20（1）：28.

丁霞，牛最荣，黄维东，等，2014. 气候变化对黑河上游径流量的影响研究［J］. 水利水电技术，45（8）：23-26.

凡炳文，陈文，李计生，2010. 洮河泥沙分布及变化分析［J］. 地下水，32（3）：118-120，123.

樊丽丽，王毓森，陈程，2022. 泾渭河流域水沙演变特点和人类活动响应分析［J］. 农业科技与信息，39（23）：39-43.

冯小鸥，2009. 蒲河流域水沙资源调控措施系统及效果分析［J］. 甘肃水利水电技术，45（2）：63-64.

高甲荣，肖斌，何华，1998. 小流域暴雨量与降水历时和重现期的关系［J］. 土壤侵蚀与水土保持学报，12（3）：74-78.

高跃，1998. 山区小流域治理模式浅析 [J]. 江苏水利，2（4）：36-37.

郭娇，叶浩，吴利杰，等，2013. 气候变化和人类活动对黄土高原小流域生态环境的影响 [J]. 地球环境学报，4（2）：1261-1265.

何雯雯，2016. 典型小流域水文特性分析 [J]. 水利科技与经济，22（6）：105-106.

黄晨璐，陈军武，黄维东，等，2020. 渭河上游水利水保措施的减水减沙效应分析 [J]. 冰川冻土，42（3）：965-973.

黄晨璐，杨勤科，黄维东，等，2015. 渭河上游典型小流域水文特征差异性分析 [J]. 冰川冻土，37（5）：1312-1322.

黄惠娟，王毓森，杨勇，2017. 泾河干流上游降水和径流变化趋势分析 [J]. 甘肃水利水电技术，53（6）：6-8.

黄维东，2008. 跨流域引水工程对祖厉河流域径流的影响研究 [J]. 干旱区地理（5）：743-749.

黄维东，2009a. 引洮供水工程对关川河流域径流的影响研究 [J]. 甘肃水利水电技术，45（6）：6-8.

黄维东，2009b. 祖厉河上下游水情预报方案研究 [J]. 甘肃水利水电技术，45（7）：3-5，16.

黄维东，2019. 甘肃省境内典型小流域暴雨特性及洪水过程模拟研究 [J]. 水文，39（6）：27-33.

黄维东，牛最荣，2011. 甘肃省水资源问题及对策分析 [J]. 人民黄河，33（8）：66-69.

黄维东，牛最荣，李计生，等，2017. 渭河源区典型小流域水沙演变规律分析 [J]. 冰川冻土，39（4）：884-891.

黄维东，牛最荣，刘彦娥，等，2016. 梯级水电开发对大通河流域洪水过程的影响分析 [J]. 水文，36（4）：58-65.

黄维东，牛最荣，马正耀，等，2013. 大通河流域水能水资源开发对河流水文过程和环境的影响 [J]. 冰川冻土，35（6）：1573-1581.

黄维东，朱咏，王启优，等，2023. 马莲河流域泥沙演变规律及其成因分析 [J]. 人民黄河，45（3）：19-23.

蒋源，郭海燕，高建国，等，2006. 马街小流域降水量和坡耕地对水土流失的影响 [J]. 水利电力机械，28（3）：58-60.

焦菊英，王万中，郝小品，1999. 黄土高原不同类型暴雨的降水侵蚀特征 [J]. 干旱区资源与环境，13（1）：35-43.

李芳，黄维东，王启优，等，2021. 渭河上游干流代表水文站径流一致性分析 [J]. 中国水土保持，42（8）：35-39，9.

李计生，胡兴林，黄维东，等，2015. 河西走廊疏勒河流域出山径流变化规律及趋势预测 [J]. 冰川冻土，37（3）：803-810.

李磊，徐宗学，牛最荣，等，2013. 基于分布式水文模型的黑河流域天然植被耗水量估算 [J]. 北京师范大学学报（自然科学版），49（增刊1）：124-131.

李森，宋孝玉，沈冰，等，2005. 人类活动对黄土沟壑区小流域水沙影响的研究 [J]. 水土保持通报，25（5）：24-27.

李文燕，王毓森，2011. 均生函数在水文时间序列回归分析预测中的应用 [J]. 甘肃科技，27（19）：73-75.

李占斌，1996. 黄土地区小流域次暴雨侵蚀产沙研究 [J]. 西安理工大学学报，19 (3)：177-183.

刘高焕，蔡强国，朱会义，等，2003. 基于地块汇流网络的小流域水沙运移模拟方法研究 [J]. 地理科学进展，22 (1)：71-78.

刘卉芳，曹文洪，张晓明，等，2010. 黄土区小流域水沙对降雨及土地利用变化响应研究 [J]. 干旱地区农业研究，28 (2)：237-242.

刘卉芳，鲁婧，王昭艳，等，2017. 黄土区典型小流域降水变化下的水沙响应研究 [J]. 水生态学杂志，38 (4)：11-17.

刘淑燕，余新晓，信忠保，等，2010. 黄土丘陵沟壑区典型流域土地利用变化对水沙关系的影响 [J]. 地理科学进展，29 (5)：565-571.

刘通，黄河清，邵明安，等，2015. 气候变化与人类活动对鄂尔多斯地区西柳沟流域入黄水沙过程的影响 [J]. 水土保持学报，29 (2)：17-22.

刘晓琼，刘彦随，李同昇，等，2015. 基于小波多尺度变换的渭河水沙演变规律研究 [J]. 地理科学，35 (2)：211-217.

刘卓颖，倪广恒，雷志栋，等，2006. 黄土高原地区小流域长系列水沙运动模拟 [J]. 人民黄河，28 (4)：61-62.

马春林，1992. 渭河流域坡面治理措施减水减沙效益分析 [J]. 人民黄河，14 (7)：25-27.

毛泽秦，2010. 纸坊沟流域近50年水沙特性及其变化研究 [J]. 水土保持研究，17 (3)：264-268.

毛泽秦，王进鑫，2011. 平凉纸坊沟流域水土流失影响因素及其相关关系分析 [J]. 水土保持研究，18 (1)：101-104.

牛最荣，陈学林，黄维东，等，2019. 阿尔金山东端北部区域生态环境修复模式研究 [J]. 冰川冻土，41 (2)：275-281.

牛最荣，赵文智，陈学林，等，2010. 黑河流域中西部子水系水资源分布特征研究 [J]. 冰川冻土，32 (6)：1194-1201.

牛最荣，赵文智，黄维东，等，2011. 黑河下游生态调水对水资源时空变化的影响分析 [J]. 水文，31 (5)：52-56.

乔光建，岳树堂，陈峨印，2010. 降水量时空分布不均对水沙关系影响分析 [J]. 水文，30 (1)：59-63.

邱玲花，彭定志，徐宗学，等，2015. 气候变化和人类活动对黑河中游流域径流的影响分析 [J]. 中国农村水利水电，57 (9)：17-21，26.

沙作菊，黄维东，2017. 祖厉河上游区局地暴雨洪水特性分析 [J]. 甘肃水利水电技术，53 (9)：10-13.

沙作菊，黄维东，任东，等，2012. 大通河甘肃境内洪水预报模型研究 [J]. 甘肃水利水电技术，48 (9)：1-2，8.

沙作菊，黄维东，王毓森，等，2017. 白龙江北峪河小流域水沙演变规律分析 [J]. 甘肃水利水电技术，53 (8)：1-4，43.

时振阁，金玉玺，2009. 小流域设计洪水误差分析及改进措施 [J]. 南水北调与水利科技，7 (5)：114-117.

宿强，王毓森，2018a. 河流集合预报方法在洮河流域径流预报中的应用研究 [J]. 地下水，40 (5)：181-182.

宿强，王毓森，2018b. 谐波分析在径流预测中的应用 [J]. 甘肃科技纵横，47 (4)：26-

28，14.

孙悦，李栋梁，2014. 1975—2011 年渭河上游径流演变规律及对气候驱动因子的响应 [J].
冰川冻土，36 (2)：413 - 423.

汤立群，陈国祥，1997. 小流域产流产沙动力学模型 [J]. 水动力学研究与进展（A 辑），
14 (2)：164 - 174.

王光谦，李铁键，贺莉，等，2008. 黄土丘陵沟壑区沟道的水沙运动模拟 [J]. 泥沙研究，
53 (3)：19 - 25.

王焕榜，1995. 山区小流域年径流变差系数经验公式配制 [J]. 河北水利科技，3 (4)：1 - 3.

王静，2000. 祖厉河流域泥沙变化规律初探 [J]. 甘肃科学学报，12 (2)：69 - 72.

王丽君，黄维东，施作林，等，2012. 大通河流域径流时空分布特征分析 [J]. 甘肃水利水
电技术，48 (8)：1 - 2，14.

王明玉，王百田，赵铭军，等，2012. 降水变化和人类活动对纸坊沟小流域年径流的影响
[J]. 水土保持通报，32 (3)：37 - 41，67.

王瑞芳，黄成志，董雨亭，2006. 甘肃天水市对比小流域暴雨洪水侵蚀产沙特性 [J]. 中国
水土保持科学，4 (4)：78 - 81，87.

王世钧，2013. 渭河上游水沙特性变化及其规律研究 [J]. 水利规划与设计，26 (9)：8 - 10.

王晓勇，张德栋，王毓森，2012. 祖厉河流域水资源演变趋势分析 [J]. 甘肃科技，28 (4)：
39 - 40.

王一达，王毓森，宋阁庆，等，2022. 基于流域气候水文模型的白龙江径流对气候变化的响
应研究 [J]. 甘肃水利水电技术，58 (11)：1 - 7.

王毓森，2016. 水文时间序列趋势与突变分析系统开发与应用 [J]. 甘肃科技，32 (9)：36 -
37，11.

王毓森，2017. 基于 R 语言的加权马尔可夫链在黑河流域径流预测中的应用 [J]. 甘肃水利
水电技术，53 (5)：1 - 4.

王毓森，2021. 甘肃省暴雨洪水图集查算系统开发与应用研究 [J]. 甘肃水利水电技术，
57 (5)：1 - 3，30.

王毓森，2023. 甘肃省水资源生态足迹及承载力时空分布研究 [J]. 水资源开发与管理，
9 (3)：25 - 29，58.

王毓森，黄维东，2016. 基于变异诊断分析的大通河流量预报模型研究 [J]. 人民黄河，
38 (2)：19 - 23.

王毓森，黄维东，崔亮，等，2016. 黑河流域东部子水系近 60 年来泥沙演变规律分析 [J].
甘肃水利水电技术，52 (1)：5 - 8.

王毓森，孙超，张德栋，等，2023. 甘肃省水资源承载力分析与评价 [J]. 地下水，45 (2)：
182 - 186.

王毓森，张德栋，陈学林，等，2018. 人类活动和气候变化对白龙江径流的影响研究 [J].
地下水，40 (4)：191 - 193.

肖学年，崔灵周，李占斌，2004. 黄土高原小流域水沙关系空间变异研究 [J]. 水土保持研
究，20 (2)：140 - 142.

熊维新，王宏，张治忠，1992. 渭河流域水利水保措施减水减沙效益初步分析 [J]. 人民黄
河，14 (7)：21 - 25.

徐桂霞，王毓森，刘天华，等，2016. 牛谷河流域降水径流关系模型研究 [J]. 甘肃水利水

电技术，52（7）：1-4.

徐桂霞，郑自宽，黄维东，等，2022. 西营河出山口径流变化规律及其影响因素分析 [J]. 水利规划与设计，35（3）：35-40.

许炯心，2002. 人类活动对黄河中游高含沙水流的影响 [J]. 地理科学，22（3）：294-300.

严宇红，黄维东，吴锦奎，等，2019. 疏勒河流域泥沙分布规律及水沙关系研究 [J]. 干旱区地理，42（1）：47-55.

晏清洪，原翠萍，雷廷武，等，2013. 降水和水土保持对黄土区流域水沙关系的影响 [J]. 中国水土保持科学，11（4）：9-16.

杨家坦，1999. 无资料地区小流域设计径流若干技术问题 [J]. 水利科技，22（2）：48-51.

杨家坦，1999. 无资料地区小流域设计径流若干技术问题 [J]. 水文，44（6）：26-29.

杨涛，陈界仁，周毅，等，2008. 黄土丘陵沟壑区小流域水沙侵蚀过程的情景模拟分析 [J]. 中国水土保持科学，6（2）：8-14.

于海姣，温小虎，冯起，等，2015. 基于支持向量机（SVM）的祁连山典型小流域日降水-径流模拟研究 [J]. 水资源与水工程学报，26（2）：26-31，39.

余新晓，张学霞，李建牢，等，2006. 黄土地区小流域植被覆盖和降水对侵蚀产沙过程的影响 [J]. 生态学报，26（1）：1-8.

原翠萍，雷廷武，张满良，等，2011. 黄土丘陵沟壑区小流域治理对侵蚀产沙特征的影响 [J]. 农业机械学报，42（3）：36-43.

张北赢，徐学选，李慧琴，2012. 黄土丘陵区典型小流域多年降水变化特征分析 [J]. 干旱区资源与环境，26（6）：28-32.

张春林，凡炳文，刘国华，2014. 近58a来洮河流域水沙演变特征与驱动力分析 [J]. 人民黄河，36（8）：10-14.

张春林，杨志红，2009. 洮河流域泥沙变化规律研究 [J]. 甘肃水利水电技术，45（7）：6-8.

张德栋，王毓森，2010. 黑河干支流径流量演变趋势分析 [J]. 甘肃水利水电技术，46（10）：3-4，21.

张国珍，王毓森，2020. 气候变化和人类活动对庄浪河水沙变化影响评价 [J]. 甘肃水利水电技术，56（9）：8-12.

张乐涛，李占斌，王贺，等，2016. 流域系统径流侵蚀链内泥沙输移的空间尺度效应 [J]. 农业工程学报，32（13）：87-94.

张萌，黄维东，张金霞，等，2022. 大夏河流域生态流量目标确定及保障措施分析 [J]. 水利规划与设计，35（10）：83-87，135.

张小琴，施作林，徐桂霞，等，2010. 水文时间序列分析方法在水文长期预报中的应用 [J]. 甘肃水利水电技术，46（6）：5-6.

张信宝，1999. 长江上游河流泥沙近期变化、原因及减沙对策：嘉陵江与金沙江的对比 [J]. 中国水土保持，20（2）：24-26，48.

赵捷，徐宗学，牛最荣，等，2016. 黑河上中游流域植被时空演变规律及其对水热条件的响应特征分析 [J]. 北京师范大学学报（自然科学版），52（3）：387-392.

赵静，黄强，刘登峰，2015. 渭河流域水沙演变规律分析 [J]. 水力发电学报，34（3）：14-20.

赵清，黄维东，2015. 黑河水量统一调度及流域治理成效分析评价 [J]. 人民黄河，37（8）：60-63，97.

赵映东，1998. 洮河泥沙规律初探 [J]. 水文，18（6）：54-55.

赵映东，2000. 甘肃省河流泥沙分布规律研究 [J]. 甘肃科学学报，12（4）：91-94.

郑明国，蔡强国，陈浩，2007. 黄土丘陵沟壑区植被对不同空间尺度水沙关系的影响 [J]. 生态学报，27（9）：3572-3581.

郑明国，蔡强国，程琴娟，2007. 一种新的流域水沙关系模型及其在年际时间尺度的应用 [J]. 地理研究，26（4）：745-754.

郑小燕，2005. 甘肃中部半干旱区径流调控体系建设研究 [J]. 甘肃水利水电技术，41（1）：70-71.

BORRELLI P，MARKER M，SCHUTT B，2015. Modelling post-tree-harvesting soil erosion and sediment deposition potential in the Turano River basin（Italian Central Apennine）[J]. Land degradation & development，26：356-366.

BUENDIA C，VERICAT D，BATALLA RJ，et al，2016. Temporal dynamics of sediment transport and transient in-channel storage in a highly erodible catchment [J]. Land degradation & development，27：1045-1063.

CHAO X B，JIA Y F，2020. Numerical modeling of flow，sediment，and salinity in lake Pontchartrain during the Bonnet Carré Spillway Flood Release [C] //World Environmental and Water Resources Congress 2020，Reston，VA：American Society of Civil Engineers：144-154.

GEBRMICAEL T G，MOHAMED Y A，BETRIE G D，et al.，2013. Trend analysis of runoff and sediment fluxes in the Upper Blue Nile basin：a combined analysis of statistical tests，physically-based models and landuse maps [J]. Journal of hydrology，482：57-68.

HAMSHAW S D，DEWOOLKAR M M，SCHROTH A W，et al，2018. A new machine-learning approach for classifying hysteresis in suspended-sediment discharge relationships using highfrequency monitoring data [J]. Water resources research，54：4040-4058.

HE Z C，SUN Z Z，LI Y T，et al，2022. Response of the gravel-sand transition in the Yangtze River to hydrological and sediment regime changes after upstream damming [J]. Earth surface processes and landforms，47（2）：383-398.

LANE L J，HERNANDEZ M，NICHOLS M，1997. Processes controlling sediment yield from watersheds as functions of spatial scale [J]. Environmental modelling & software，12（4）：355-369.

LAWLER D M，PETTS G E，FOSTER I D，et al，2006. Turbidity dynamics during spring storm events in an urban headwater river system：the Upper Tame，West Midlands，UK [J]. Science of the total environment，360：109-126.

O'BRIAIN R，SHEPHARD S，MCCOLLOM A，et al，2022. Plants as agents of hydromorphological recovery in lowland streams [J]. Geomorphology，400：108090.

RESTREPO J D，KJERFVE B，2000. Magdalena river：interannual variability（1975—1995）and revised water discharge and sediment load estimates [J]. Journal of hydrology，235（1-2）：137-149.

RUSTOMJI P，ZHANG X P，HAIRSINE P B，et al，2008. River sediment load and concentration responses to changes in hydrology and catchment management in the Loess Plateau region of China [J]. Water resources research，44（7）：148-152.

SOLER M，LATRON J，GALLART F，2008. Relationships between suspended sediment concentrations and discharge in two small research basins in a mountainous Mediterranean area (Vallcebre, Eastern Pyrenees) [J]. Geomorphology, 98: 143 – 152.

SOROURIAN S, HUANG H S, XU K H, et al. 2022. A modeling study of water and sediment flux partitioning through the major passes of Mississippi Birdfoot Delta and their plume structures [J]. Geomorphology, 401 (Mar. 15): 108109. 1 – 108109. 17.

STONE M C, HOTCHKISS R H, HUBBARD C M, 2001. Impacts of climate change on Missouri River basin water yield [J]. Journal of the American water resources association, 37 (5): 1119 – 1129.

TETZLAFF B, FRIEDRICH K, VORDERBÜGGE T, et al, 2013. Distributed modelling of mean annual soil erosionand sediment delivery rates to surface waters [J]. Catena, 102: 13 – 20.

WALLING D E, FANG D, 2003. Recent trends in the suspended sediment loads of the world's rivers [J]. Global & planetary change, 39 (1 – 2): 111 – 126.

WANG L, YAO W, XIAO P, et al, 2022. The spatiotemporal characteristics of flow – sediment relationships in a hilly watershed of the Chinese Loess Plateau [J]. International journal of environmental research and public health, 19 (15): 9089.

WOLDEMARIM A, GETACHEW T, CHANIE T, 2023. Long – term trends of river flow, sediment yield and crop productivity of Andittid watershed, central highland of Ethiopia [J]. All earth, 35 (1): 3 – 15.